好想法 相信知識的力量
the power of knowledge

寶鼎出版

網紅
這樣當

從社群經營到議價簽約，
爆紅撇步、業配攻略、
合作眉角全解析

Brittany Hennessy
布莉塔妮・漢納希 ——————— 著
蔡裴驊 ——————————— 譯

本書獻給我的丈夫，亞歷山大
以及我的兒子，亞歷山大‧奧古斯特

從日出到日落，我永遠感激能夠成為你們的妻子與母親；
謝謝你們相信我，以及成為我亙久不變的靈感來源。
我愛你們。

CONTENTS 目錄

3 從你的影響力獲利

4 規劃你的未來

推薦序

最符合真實情境的網紅教科書

車庫一姊／網紅發案中心負責人

我在任職的公司擔任「網紅發案中心」部門的負責人：這是一家專門進行數位行銷的大型廣告公司，也是Facebook官方認證代理商，十多年來服務過大大小小品牌客戶及各類行銷單位。近兩年來，網紅行銷成為詢問度最高的行銷方式，一來是網路廣告成本水漲船高，需要更高互動性的素材來降低成本；二來是傳統媒體漸漸無法接觸年輕世代，需藉由網紅的網路影響力增加品牌知名度以及心占率。

「網紅發案中心」部門從前年第四季正式成軍，到今年的第二季，手上已經累積有200張以上來自客戶簽給我們的委刊單，平均每張委刊單發案

給2.5組網紅,而每一季的進案量都是創新高的!除了市場對網紅的需求與日俱增以外,我們對於網路上各類平台的發案也躍躍欲試。雖然廣義上的網紅(influencer)是在網路上有影響力的人,在市場上可以蒐集到上千組名單,但若把客戶的需求收窄後,卻不見得可以找到合適的網紅,或者被迫發給同類型的固定幾個網紅(特別是美妝類)。有時候推薦給客戶不錯的網紅,卻又因為和網紅本身創作理念不合而作罷,可以說網紅就像蝴蝶蝴蝶到處飛,真要捕捉到合適的,還得要天時地利加上人和!

市面上相關書籍多半在講網紅行銷,這些書都是針對客戶端,也就是品牌行銷的窗口看的,很少像這一本教你怎麼從零開始學習做個網紅,而這本《網紅這樣當》(Influencer)在亞馬遜(Amazon)網路書店上得到近百人5顆星的評價,熱賣的程度可說是網紅界的教科書了。

常常我們看到一些外貌條件普通的網紅,他們的影片可能讓你覺得:「這我也做得到,他們怎麼會紅?」其實祕訣有很多,這本書分成四大部分,讓你一步一步吸收這些知識,甚至在知識以外,可以窺見許多長期經營網紅所得到的心法,也就是書中說的洞見(insight)。我閱讀此書時,看到一些專家撇步,會讓我拍案叫絕,甚至興奮地站起來走動,因為在這個行業中會遇見太多狀況,書中所

描述的，常常吻合真實情境。

雖然我自認為在行銷上一直是追著趨勢，也時常關注各大平台的更新，但書中提到的一些網站資源，是連我在行業中都不曾有人告訴我的，好像撿到寶一樣。我更欣賞作者正直敢言，要求網紅敬業、注重內容和思考差異化。以前有個教我打撞球的高人曾說：「要打好球，首先要有正確觀念，因為觀念是最重要的，準度可以練。」網紅也是啊，我們需要找出觀念好的，才有長期發展的可能。

我相信這個市場還有好幾年的成長期，也希望更多令人眼睛一亮的網紅在市場上崛起，希望你就是看了這本書之後起心動念，在網路上成就自己的事業，到時候別忘了讓我發案給你！

前言

　　我曾付給一隻狗3萬2000美元，以換取二篇Facebook貼文、一則Instagram貼文，和一則Twitter貼文。牠的主人很可能總共只花了三分鐘拍照，然後寫上圖說。

　　這隻狗幾乎每分鐘進帳1萬美元以上。挑一個你認為真的很有錢的人，任何人都可以。那隻狗每分鐘的進帳仍然高於你所想的那個人。

　　你一天工作至少八小時，每週五天，每年50週，打交道的那些人有時候會讓你懷疑你所有的人生選擇。而這隻狗呢？牠所要做的就是坐下、翻滾然後微笑。

我記得開了一張10萬美元的支票給一個網紅（influencer，直譯影響者，下稱網紅），拍三支YouTube影片。草擬她的合約時，我整整停下三次以恢復平靜的心情。我無法相信自己將要付給這個女人六位數，只為了讓她的妝容維持18分鐘。我幾乎要問自己，為什麼不是人人都是網紅？但我已經知道那個問題的答案了：因為，當個網紅很辛苦。

　　身為赫斯特雜誌數位媒體（Hearst Magazines Digital Media）的影響力策略暨人才合作夥伴總監，我幫《*Seventeen*》、《柯夢波丹》（*Cosmopolitan*）、《Elle》、《美麗佳人》（*Marie Claire*）、《哈潑時尚》（*Harper's Bazaar*）、《Redbook》、《君子》（*Esquire*）和其他雜誌的電子版，挑選網紅代言聯合品牌的活動。意思是，熟悉網紅的世界是我的工作：了解他們的追蹤者與互動程度；辨識他們的審美觀與語氣；知道他們的經紀人是誰；還有——這點真的很重要——知道他們在有截止期限下，能輕鬆共事（或不能）的程度。我曾簽下從未接過行銷活動的網紅，引介沒有簽約的人才給他們現在的經紀人，也有過開給他們的支票金額大到財務部打電話來，問我是否加了太多零（請見前面的例子）。

　　你很可能曾經一邊捲動畫面瀏覽Instagram，一邊心想，這我完全可以做到，但你可能不知道，要成為全職的

網紅是一門藝術與科學。當然，網紅的生活可能看起來只限於貼上你在街上走路或是以無可挑剔的美甲拿著冰淇淋甜筒的照片。但在現實生活中，你要日日夜夜為那些極為善變的觀眾創造內容，他們可以也可能因為你把應當在星期二發布的影片拖到星期三才上，就不再追蹤你。或者，因為他們不喜歡你在那張冰淇淋照片中的美甲顏色。也或許因為──我見過這個例子──你換了你的眉型，你現在看起來像「一隻怪怪鳥」，你的臉讓他們覺得不舒服。那就是你的觀眾。

當你參與行銷活動，你打交道的是一種完全不同的動物──品牌。大部分的品牌並不知道它們要什麼，因此，在你甚至不知道「那個」是什麼，而且它們也無法跟你解釋時，要傳達出「那個」來，是個相當大的挑戰。但是，如果你要從創作內容中獲利，你就必須理出頭緒。你需要的是一個譯者，一個會說這種外語的人，會讀心術而且可以解譯你收到的那神祕難解的email和簡報。我自願當貢品。

很多人以為，你必須有100萬個追蹤者，才能靠著當網紅賺進大筆金錢，但那不是事實。很多有10萬名追蹤者的全職網紅，靠著做他們喜愛的事情而有令人滿意的收入，這個過程讓我們全都很吃味。在捲動畫面瀏覽Instagram時，我常常看到數百個有抱負的網紅，他們站在

即將成名，或至少是經濟獨立的分水嶺上，而他們只需要在這裡和那裡稍微調整一下。我喜愛給別人建議，想著我應該把我的新聞學位拿來用，因此，我決定寫這本書。我很吃驚，市面上竟然沒有像這樣的書，但和那些要求搭乘頭等艙（你知道，好像他們真的是名人）的網紅打過交道後，再也沒有什麼事會讓我吃驚了。

這本書是寫給那些很可能是以下三種類型之一的人：

- **第一類**：你整天都掛在 Instagram 上面，捲動畫面瀏覽你的動態消息時，你忍不住批評其他人的照片。你心想，「我也會穿衣服，吃酪梨吐司，而且喜歡看夕陽，為什麼不是我？」嗯，讓我們從最開頭講起，因為那是個很好的起點。本書的第一部：「建立你的社群」會幫助你想出品牌名稱、創作值得輕觸兩下[1]的內容，並告訴你如何維持社群的互動。
- **第二類**：你有不錯的追蹤人數，而且感覺你好像蠻擅長這整個內容創作的事情，但無法想出長期的計畫。在第二部：「包裝你的品牌」中，我們會談到指標、公共關係和新聞資料袋（press kit）。

1　在 Instagram 貼文上輕觸兩下，即可按讚。

- **第三類**：品牌開始與你接觸，因為你要不是有很多人追蹤，就是你過著相當有趣的生活。也許，你是你那個領域的專家，你創立了一家公司／一項產品，或你是個舞者／音樂家／模特兒／演員。不管是哪一種，當你說話時，人們會注意聽，而那就是影響力。第三部：「從你的影響力獲利」會全力研究費用談判、了解你的合約，以及找到經紀人。當你拿到你的第一張支票，我要抽10%。開玩笑的……也不盡然喔。

　　你一生中會不斷有人問你的五年計畫，而一旦你成為內容創作者，這種狀況也不會改變。不管你是屬於哪一類，第四部：「規劃你的未來」將幫助你把新客戶變成熟客，將個別的計畫變成品牌大使職務。我們也會談到網紅合作，以及你如何也可以擁有自己的化妝品或服飾產品的方法。

　　如果，你對行銷或一般就業市場不熟悉，可能有很多你不懂的字或字首縮寫。所以，我才會在本書的最後放了一份實用的詞彙表。表裡充滿讓我頭痛的業界行話……而且我每天都會聽到。讀懂這些字和片語並記在心裡，但是，請不要叫別人「在EOD（下班前）安排一次電話討論簡報」。這種術語的濫用必須終結。

　　這本書真的很特別，原因就在於那些超級酷的小專

欄，例如「專家撇步」，你可以聽到業界最棒專家的意見；「網紅洞見」會在章節中隨機跳出，用你最喜歡的內容創作者的智慧之言，協助說明我的論點；「別當那女孩」絕對是我最喜歡的部分，我會述說那些讓我說出「事情不是這樣做的。任何事都不是」的女人，其所作所為。不過，每一章的結尾才是一道真正的饗宴，「指標網紅」會描述這一行裡一些最令人驚奇的內容創作者，她們建立了許多《財星》雜誌500大企業（Fortune 500）竭力想獲得的品牌和死忠社群。我們會聽到來自艾莉莎‧波西歐（Alyssa Bossio）、喬伊‧趙（Joy Cho）、蘇娜‧葛絲帕里安（Sona Gasparian）、莎札‧韓翠克絲（Sazan Hendrix）、海蒂‧娜札魯汀（Heidi Nazarudin）、泰妮‧帕諾西安（Teni Panosian）、亞歷珊卓拉‧皮瑞拉（Alexandra Pereira）和卡拉‧山塔納（Cara Santana）的話。她們的故事會帶給你知識、驚奇和啟發。

在本書的結尾，你會擁有為你自己、你的孩子、你的狗，甚至是你那火爆阿嬤建立品牌所需的所有工具。而且，也許，只是也許，我們會一起工作，而你會要求10萬美元拍三支YouTube影片。我很可能會白眼翻到北極，頭痛了一個星期，但我會把錢給你，因為，你值得。

引言

　　讓我們從最重要的問題開始說起：網紅到底是何方神聖，為什麼重要？一般來說，網紅就是某個有影響力的人。我知道、我知道，用同一個詞來定義一個詞不太有幫助，但有時候，事情真的就是那麼簡單。口碑行銷不是新玩意，而且很可能是大部分消費行為背後的驅動力，不管是買一個產品、追劇，或是下載一個應用程式。

　　但是，在如今這個數位世界裡，「網紅」一詞最常指的是透過個人數位頻道——或如有些人喜歡稱之為「數位貨幣」——而擁有影響力的人。無論他是有很多人追蹤或真的互動頻繁，當他說話時，

他的觀眾會傾聽，他們會採取行動，然後——對品牌來說最重要的是——他們願意購買。

過去這幾年，影響力行銷突然大行其道，而「網紅」一詞逐漸指每個人以及他們自己那擁有部落格、影像部落格或Instagram檔案的媽媽。它用來形容每個人和每件事，次數多到「網紅」一詞已變成是個不受歡迎的髒話。這讓我很傷心，因為影響力行銷不是壞事，只是被誤解了。誤解得很慘。

《紐約時報》（*New York Times*）刊登過一篇文章討論網紅，花了大約1000字談坎達兒‧珍娜（Kendall Jenner）、賽琳娜‧戈梅茲（Selena Gomez）和吉吉‧哈蒂德（Gigi Hadid），她們就廣義上而言都是「網紅」，因為她們擁有數百萬名追蹤者。但實際上，她們是A咖名人，這和我們對擁有同樣多追蹤者的內容創作者此一看法截然不同。概念不同的原因之一在於如何變得有影響力。內容創作者必須拍攝影片、照片並創作貼文，讓人們願意信任他且想要看更多內容。他必須運用不同的行銷戰術來增加觀眾人數，並讓觀眾持續參與互動。他也必須為每個平台調整內容，因為，適合放在YouTube上的內容，不適合放在Instagram上。傳統的名人透過他們在網路之外的活動（歌手／演員／運動員／模特兒）而成名，那種影響力隨

著他們登上網路進入每個平台，他們不需要做太多，只要發個上面有他們使用者名稱的新聞稿就行了。

不是要減損那些因才能與商業敏銳度而讓他們成名的名人，但每次有人稱名人是「網紅」時，都讓我很難受。老實說，這顯示出完全漠視使內容創作者成為網紅的核心概念。這些人的創作內容骨幹是真實性，而他們的觀眾指望他們提供專家意見。名人是拿錢為酒品公司宣傳，即使他們不喝酒，或就算他們不知道怎麼開車，也能促銷汽車。一位好的網紅——就是你讀完本書後會成為的人——就算品牌付錢給他，也絕不會促銷某個自己不想主動分享的東西。我見過創作者因為某個東西和自我形象不符而拒絕了2萬5000美元。如果，那不叫把觀眾看得比自己還重要，我不知道什麼才是。

內容創作者 VS. 生活直播主

網紅實際上應該分成兩類：內容創作者和生活直播主。內容創作者是那些憑空創作出部落格、影像部落格和Instagram照片的人。生活直播主是那些只是過著他們最好的一面，你因為他們的動態消息顯露出十足令人驚嘆的生活而開始追蹤。

網紅有十種，每一種不是歸在內容創作者，就是生活直播主陣營。他們是：

內容創造者

1. **部落客**：有個定期更新的部落格。他會透過 Facebook、Twitter、Pinterest 和 Instagram 宣傳部落格。

   例子：@margoandme、@hapatime、@hangtw。

2. **影像部落客**：有個上傳影片的 YouTube 頻道。不管貼的是影像日誌還是教學影片，都可以在他的社交頻道上得到許多愛心。

   例子：@ellarie、@sunkissalba、@alexcentomo。

3. **專家**：專營某個特定行業，如健身、美妝或室內設計。他可能也是個部落客或影像部落客，但他有證書和專業訓練做後盾。有時候，專家會歸類為生活直播主，但由於他們非常專注於美學，且通常有高畫質的照片，因此，我們會把他們留在這一類裡。

   例子：@ohjoy、@justinablakely、@deepicam。

4. **動物、幼兒、無生命的物體和迷因（meme）**：意思相當清楚，這些帳號設法在自己無法真正連上網路的情況下，使用智慧型手機或打字的方式，創造風趣、詼諧的內容以網羅追蹤者。

例子：@jiffpom、@honesttoddler、@omgliterallydead、
@beigecardigan。

生活直播主

5. **有特殊才能者**：主廚、舞者、喜劇演員或其他花很多
   時間鍛鍊技能的人。他會發布關於自身技藝的貼文，
   而你喜歡看，因為他是他那一行的頂尖高手，而你想
   要搭順風車，沾個光。

   例子：@joythebaker、@ingridsilva、@dopequeenpheebs。

6. **創業者**：他創立了一家公司或一項服務，並讓你看到
   幕後的狀況。你希望他可以成功，因此開始追蹤他，
   看遍他推出產品的最新進度，以及他在頻道上分享的
   商務會議內容。

   例子：@jessicaherrin、@alexavontobel、@zimism。

7. **頂尖模特兒**：他那麼地耀眼，那麼地好看，因此，
   你追蹤他好補充你的每日驚嘆劑量。不管是#完美髮
   型、#身材標的、#死黨行動，還有#模範情侶都可以。

   例子：@marthahunt、@ashleygraham、@chaneliman。

8. **名人**：無論他是音樂家、演員、運動員或多種身分混
   合，他世界知名，而你因為愛他而追蹤他。

   例子：@issarae、@serenawilliams、@florence。

9. **重要人士**：通常是企業家、政治家或社運人士，而你追蹤他，以便在他改變局勢的人生中，坐在第一排觀看。

   例子：@badassboz、@gretchencarlson、@michelleobama。

10. **真人**：不見得能歸類於這張清單上任一類的人，他們貼文是因為，那是 2019 年的人會做的事。

   例子：@ 你媽、@ 你的中學好友、@ 你男友。

提醒：由於本書的目的所需，大部分的時間會將焦點放在內容創作者上，但你如果剛好是生活直播主，歡迎你！你也會發現很多非常寶貴的內容。我也假定你是女性。不是因為男性網紅不多（@iamgalla、@wallstreetpaper、@timmelideo 都是，舉幾個例子供參考），而是因為我聘用過的網紅，95% 都是女性，所以我談論的是她們。但是，男士們，歡迎，歡迎，歡迎。你在這裡讀到的一切，也都適用於你！

為什麼竟然有人想要成為網紅？

現在，既然已經解釋了網紅的意義以及不同的類型，接下來，我們可以開始探究為什麼人們會想要成為網紅。

為你的職業生涯加值

如果你是個專家、有特殊才能者或重要人士，擁有高追蹤人數會擴展你在現實生活中所做的所有工作。一個很棒的例子是喜劇演員、演員或模特兒。他每天花很多時間改善技藝並接下表演，但卻不斷被問到他的 Instagram 追蹤狀況。這是因為，企業總是在尋找更輕鬆、更便宜和更快的方式來行銷它們的產品和服務。一個有 10 萬個追蹤者的喜劇演員，可以宣傳他即將進行的表演，增加人們買票來看他表演的機率。這會降低喜劇俱樂部必須花在宣傳表演上的費用，讓它們更可能選他而不是另一個喜劇演員，就算另一個演員更會搞笑。同樣的狀況也適用於一個能讓他出演的舞臺劇或電影相關訊息很快傳出去，也能傳給真正喜愛他作品的觀眾的演員。模特兒也有類似的情境：選角指導會喜歡選一個事後會把自身在拍攝現場的照片貼在 Instagram 上的模特兒。更多人會看到服裝或美妝產品，而客戶會免費得到額外的置入性廣告。

許多人對於追蹤人數似乎比才能更重要而感到不舒服，但是，重點在於要用盡各種方法獲得關注。今天的娛樂產業，生意是在網路上談成的。你也許不喜歡這種追蹤人數可能比真正技能重要的概念，但你必須調整心態，因為那些不調整的人撐不了太久。你不該因為努力營造社會臨場感（social presence）[1] 而覺得把自己賣了，你應該要認為你是在線上講自己的故事，並建立一個人們想要支持你的社群。如果你能和品牌合作賺些錢，那更好。

推銷你的公司

你有個點子，但你沒有只是把它放在一邊，等有人先做出來時又生氣，而是選擇採取行動。恭喜，你有了事業！不管是一個產品還是一項服務，如果人們不知道就無法購買，因此你上網尋找顧客。

你一旦建立了在網路上的據點，就可以利用你的平台來展示新產品和服務，讓你的追蹤者看到新愛牌背後的樣貌，當然，還能招攬到新顧客。在試著聯絡網紅尋求合作時，這也有幫助。他們想要知道自己是和誰合作，並確保這個品牌的美學和他們相符。當人們看到你公司的廣告

---

1 在人際溝通的過程中，雙方可相互感受到對方是否為真實存在。

時，他們會先查看檔案，因此，維護那個社交頻道應該是你行銷計畫裡的重要環節。

身為企業的創辦人，你可以依靠自己的能力而成為網紅，而這本書對你有兩種用途。它不但會告訴你如何管理並從你的個人檔案獲利，而且，在你斷定該啟用網紅為行銷策略時，你也會了解可能產生的負面狀況。

賺更多錢

對有些人來說，創作內容不只是個嗜好而已，那是他們的「副業」。他們白天上班，但他們所做的一切都是為了 Instagram。很多時候，這些網紅從一個類別開始，如美妝或風格，隨著他們的影響力增加並開始賺更多錢後，他們向外擴展並涵蓋了所有的生活風格類事物。

這是你可以嘗試新事物並犯錯的階段。一旦有更多品牌注意到你，而且你有了更多追蹤者後，你所做的任何改變都會受到詳細檢視，而且會有人主動提出回饋意見。如果你運氣好，這個階段只會持續大約一年，所以，在你還能做的時候，進行所有的實驗吧。

辭職

　　無論你是全職經營你的部落格／影像部落格，或打造你自己的化妝品或服飾系列，當你賺進足夠的錢，讓你可以辭職後仍能維持你先前的大部分舒適條件（穩定的收入、健康保險、存款）時，你已來到樂園。

　　這一點也不容易辦到，長夜漫漫，金錢上的豐厚回報並非必然，但如果你讀了這本書，你成功的可能性會增加十倍，因為，你會擁有內行人在過去十年內累積的知識，以及要極力避免犯下的錯誤清單。我們開始吧！

PART

建立你的社群

16位追蹤

動態消息

...

如何找到你的聲音並創造優秀內容?

一個尋找品牌合作機會的創作者,和一個正在找工作的員工沒兩樣。人們在決定和你合作之前,會先上網搜尋你的資料,而他們所找到的內容必須讓他們滿意才行。

上 Google.com,鍵入你的姓名。現在,看看在全部、圖片、影片和新聞類別的搜尋結果。所有在第一頁的內容,應該都要是**你所創作**,不然就是**你所提供**。

如果,看起來沒那麼熱門,別驚慌。上 Google 快訊,把你的名字加上引號(例如,「布莉塔妮‧漢納希」)建立一條快訊。每次 Google 把有你名字在

內的新內容編入索引時，你都會收到一封email，讓你知道你做對了。每三個月，用Google搜尋一次，記錄下你的進展。記住，如果你不自己說自己的故事，別人會幫你說。

莎札·韓翠克絲（Sazan Hendrix，@Sazan）是個讓自己的Google搜尋結果完美呈現的絕佳例子。鍵入她的名字後，第一頁會顯示出她的網站、Twitter、YouTube、Instagram、領英（LinkedIn）檔案和一些訪問。

在影片類別，你會看到她的YouTube頻道的連結以及一堆她創作的影片。進到圖片類別，是莎札一張又一張美麗動人的照片，還有一些她先生史提維（Stevie Hendrix）的照片點綴其中。在新聞類別是一堆文章和訪問，而在購物欄下是她的公司「BlessBox」。

沒有比這更屬害的了。但要主導你的搜尋結果的唯一辦法就是：創造、創造、創造！

名稱代表什麼？

你們很多人可能已經有了名稱，因此，你很可能會斜眼看著這個章節，希望我不要說出什麼讓你想要拔頭髮，然後重頭開始的事情。我不怪你，畢竟為你的品牌取名字，可能是成為內容創作者最困難的部分。再加上網路上其實沒有

什麼東西能夠被真正刪除，壓力一直存在，你不該選個你會在六個月、一年甚至五年後感到後悔的名稱。影像部落客有一些「最棒」的名稱，而我說最棒的意思是指最可笑。@sexypanda89（性感貓熊89），我正看著你。我不會列舉那些名稱，因為我答應自己，只會以匿名稱呼這些人，但是，你很可能不假思索就能想出一些。

那麼，你要如何想出一個超殺的名稱？嗯，那要看你問的人是誰。有些人創造了一整個品牌，如海蒂・娜札魯汀（@theambitionista）和夏洛特・葛隆維爾德（Charlotte Groeneveld，@thefashionguitar），或把名字混合，如布莉塔妮・澤維爾（Brittany Xavier，@thriftsandthreads）和潔德・肯德爾（Jade Kendle，@lipstickncurls）。其他人把自己的名字包含進去，如潔西卡・法蘭克林（Jessica Franklin，@heygorjess）、艾莉莎・波西歐（@effortlyss）和柯特妮・法樂（Courtney Fowler，@colormecourtney）。還有些人取超級簡單的名稱，如伊絲卡拉・羅倫斯（Iskra Lawrence，@iskra）、瑞秋・馬蒂諾（Rachel Martino，@rachmartino），或是妮可・奇歐蒂（Nichole Ciotti，@nicholeciotti）。

你可以隨你高興，把名稱取得簡單或複雜，只要它**很好宣傳**而且**有一致性**（意思是，別把永遠（forever）拼成「FOREVEERR」，去掉重複的字母，也別用下橫線）。如果，

你的網站是FlyFashionista.com，但是你的Instagram帳號是@imaflyfashionistaaa，而你的YouTube是@flyfashionista4lyfe_，觀眾和品牌都無法把你所有的檔案彼此連結在一起。你可以僥倖讓你的網站名稱和你的社群媒體名稱不一樣而沒事，但只有在它們有一致性時。

泰妮・帕諾西安是我最喜歡的網紅之一。她是真正的專業人士，而且是市場上最好的內容創作者之一。她的網站是Remarques.com，但是，在每個平台上，她都是@TeniPanosian。當她把網站從MissMaven.com改成Remarques.com時，她社群平台的一致性是關鍵。她無疑可以建一個登陸頁（landing page），把人們引導到新網站，但改變她社群頻道的名稱卻可能帶來可怕的後果。如果人們在他們的動態消息看到不熟悉的名稱，他們很可能就退追蹤了。那也表示，任何有關她的文章，之前會連結到她的頻道，現在卻會導向一個不存在的頁面。但是，這情況沒有發生在泰妮身上，因為她很聰明。請像泰妮一樣。

擁有它

人們問的第一個問題永遠都是：「我真的需要經營每

一個平台嗎？」這個問題的答案是不用。雖然，我會建議你在每個平台上設法顧好你偏愛的使用者名稱，這樣才不會被別人偷去用，但你應該只在你有計畫更新的平台上活動。沒有什麼比在一個平台上找到一個很棒的網紅，結果卻發現他三個月都沒有更新貼文更糟的事了。

　　儘管如此，每個人還是應該要有四大平台的帳號：Facebook、Twitter、Instagram 和 YouTube。你會想開一個 Instagram 帳號，因為大部分的影響力行銷活動都在上面。YouTube 也是時尚戰利品分享影片和美妝教學影片的一大市場，同時也是向廣告主展示你在鏡頭前模樣的好方法。你也許認為自己不需要 Facebook 或 Twitter，但你可能錯了。品牌通常會把你創作的內容分享在 Facebook 和 Twitter 上，如果他們無法在文中標注（tag）你，你就失去一個增加追蹤人數的大好機會。持續更新 Facebook 網頁的最大理由是因為，在某個時刻，你會想要得到認證。那個小小的藍色勾勾也許看起來沒什麼大不了，但是，如果你合作的品牌也有一個，Facebook 就會要求品牌合作的任何一個網紅也要得到認證。因此，你在 Facebook 上看到的影響力行銷活動才會沒有比在 Instagram 上的多。但是，情況正在改變，你會想做好準備的。如果你是個部落客，尤其是美食、居家裝潢和 DIY 方面，Pinterest 也是個把流量導回網

站的好方法。我發現，大部分客戶不會要求在 Pinterest 上發文，而且除非你有數百萬追蹤者，否則它們不會付高額酬勞。但是，如果你覺得你會想投入時間讓它成功的話，這是個可以加入的好平台。

家是你的部落格之所在

部落格如今已不再是早期的匿名日記體形式，更因為它是第一個孕育出網紅的媒介，廣告主較有餘裕對於花錢在業配文一事上調適心態。它們也喜歡自己能輕而易舉地對內容提供意見或編輯內容，不像 YouTube 影片，還可以給網紅加上追蹤連結，看是否有人點擊內容或購買商品。

由於部落格相當容易建立與維護，對正在試水溫想當網紅的人來說很棒。不像 YouTube 頻道，你不需要有影音設備或編輯技巧；也不像 Instagram，你不一定要拍自己的照片。我看過很多出色且點閱率很高的部落格文章，內容是由一些文字、品牌提供的影片和網路上找來的照片所組成。考量到要開始寫部落格有多容易，卻有那麼多影音部落客沒有同時身兼部落客總是讓我很吃驚。就算創作與編輯影片可能讓你沒有什麼時間可以做別的事，但你沒有部落格，就流失了許多機會，因為有那麼多廣告主想要網紅

創作部落格文章。想想看：當你搜尋一項產品或服務，會出現什麼？部落格上的評論。當然，你也可能看到置入性的YouTube影片或Instagram貼文，但是，廣告主可以追蹤有多少人是因為某篇特定的部落格文章而造訪它們的網站，而廣告主**超愛**這種可以追蹤的事物。

為了要建立一個你可以掌控事物的根據地，你也應該開一個部落格。任何這些社群媒體平台都可以隨時不先通知就刪除你的檔案，或禁止你宣傳你的其他頻道，但是，如果觀眾知道你部落格的網址，他們永遠清楚該去哪裡找你。

市場上有很多、很多資源可以幫助你建立部落格，以下是一份速成名單：

- **步驟一：購買你自己的網域。**你可以上GoDaddy.com[1]網站購買（網路上通常會有優惠券號碼在流通），或直接跟你的網頁維護公司購買。如果，你不是個科技宅，我會建議透過你的網頁維護公司購買你的網域，讓你的生活輕鬆點。
- **步驟二：確定你的主機代管服務廠商。**我使用Bluehost.

1　GoDaddy 是提供域名註冊及網站代管的公司，中文網站：tw.godaddy.com。

com的服務，因為這是唯一儀表板（dashboard）不會讓我頭昏腦脹的供應商。它也有很棒的線上客服，因此，當你無可避免地毀損了你部落格的編碼時，就不用在電話上一直等。備分你的部落格、備分你的部落格、備分你的部落格。你可能會在試用一個新的主題或外掛程式時毀損了編碼，看到當機的空白螢幕。何苦遭受這種心臟病發式的攻擊？每個月多付點錢，讓你的主機代管公司自動幫你備分。

- **步驟三：安裝**Wordpress[2]。我愛Google和它的所有產品，但為何會有人把部落格建在不是Wordpress的平台上，讓我百思不得其解。Wordpress.com是免費服務，但你無法控制網站後台或客製化以符合你的需求，所以，我會略過不談；Wordpress.org則需要有主機，但你可以上傳客製化主題、外掛程式並微調，直到它們與你想要的樣子完全相符。你的主機代管公司應該有個捷徑可以把Wordpress直接安裝在它們的伺服器上。如果你不確定，在你註冊之前先詢問一聲。

2　Worldpress 是一款建立網站、部落格或應用程式的內容管理系統，提供兩種服務：Wordpress.com 類似於部落格平台，只需申請帳號便可在上面試用 Wordpress 的功能；Wordpress.org 則是提供完整的功能，可自行決定如何架構網站。

- **步驟四：安裝一個主題和一些外掛程式。**Wordpress
  真的有所改善，有許多棒得不得了的免費主題。當
  然，如果你找到一個你愛得不得了但需要付費的主
  題，務必買下來。如果，你看到一個喜歡的部落格，
  你可以上我最愛用的工具之一：whatwpthemeisthat.
  com，找出那個人用的是哪個主題。它也是一個找出
  你最愛的部落客所使用外掛程式的極佳來源，或者你
  可以用 Google 快速搜尋，找出最適合你那類部落格
  使用的外掛程式。當你購買一個主題時，你也可以查
  看你的主題有多少人下載過。那是你品牌的一部分，
  你可不想要它看來像是他人網站的副本。如果你有資
  金而且可以負擔得起，我會建議僱用一個人幫你設計
  主題。這並非必要，但它絕對是好事。
- **步驟五：加入你的社群媒體帳號。**有時候，在我拉到
  最底、逛完一個網紅的部落格時，才會看到她的社群
  頻道，而我最愛的事情就是肉搜她的 Instagram 和／或
  YouTube 檔案。開玩笑的啦。有許多主題都附有把這些
  帳號放在顯眼位置的選項，使用這些功能吧。而且要
  確定，你有把它們連結到正確的帳號。這也許聽起來
  根本用不著特別提醒，但顯然不是。

在考慮主題時，該選擇哪種版面設計得要看你的個人偏好和你認為多久會貼文而定。只要確定你的網站看起來跟得上時代就好。Wordpress已大有進步，任何人都能讓自己的網站看來價值百萬，然而還是有人堅持要讓自己的網站看起來好像是用防水膠帶和夢想創造出來的，實在讓我無法理解。

我愛看部落格當娛樂，而我最近注意到很多我喜愛的網站都是出自同一人之手，因此，我請她給有志創作者五個撇步。

👎 別當那女孩

我正在辦一個活動，需要找網紅來推廣活動。我發現一個很棒的網紅，所以就去查看了她的Instagram，結果跳出「找不到網頁」的訊息。我回頭看她的部落格，點擊另一個Instagram圖示，又跳出同樣的訊息。我告訴她這件事，她回答我，她改了自己Instagram的名稱，但忘記要更新，而這為我試圖找她合作一事劃下句點。如果，你連你自己網站上的連結都處理不好，我是絕對不可能會相信你可以處理好活動。聽起來很刺耳，但這裡每天牽涉的金額可是數十億美元，而你必須永遠記得表現出自己最好的一面。

💡 專家撇步

1. 有觀點。獨特是在今天的市場中脫穎而出的唯一方法。你可以談論和其他人一樣的主題，但是，你的觀點才能讓你與眾不同並被記住。

2. 相信你的直覺且別讓社群媒體左右你的決定。留意當下發生的時事並列入考慮，但把你自己的目標放在其他一切之上，並利用你的部落格和社群媒體來達成目標。

3. 內容還是王道。雖然，受歡迎的內容有很多不同的形式（書寫、影片、podcast、影像等等），但創作出讓你的讀者難以抗拒的內容，會讓你們之間有所連結。這能讓你創造出一個社群——這和追蹤不一樣，而且更為重要。

4. 相信你的直覺，不過，要用數據來幫助自己做決定。我們很幸運，我們有工具可以得知我們的讀者喜歡什麼、不喜歡什麼，使我們得以把產品（內容）修改成他們想要的樣子。

5. 網路上以及現實中的人脈連結有助維持部落格／品牌的活力。你必須讓你的利基曝光，以便與社群保持密切聯繫並同時成長。

——克蘿伊·瓦茲（Chloé Watts，@choleadelia），
chloédigital[3]創辦人暨執行長

3　這是一個時尚出版人的技術支援與策略規畫會員制公司。

YouTube影片

影像部落格也許看起來和部落格是完全不同的世界，但是兩者很像，而且許多很成功的網紅在鏡頭前和鍵盤後都很厲害。雖然，目標也是具備觀點的高畫質內容，但影片拍攝方面有些特殊的部分是你必須掌握的。

- **開場／醒目的廣告用語**：這通常會是你在每支影片開頭看到的「嗨，各位，歡迎觀看我的頻道」開場白之後所接的主題曲。這會定調你的頻道，而且會立刻告訴品牌廠商，你的審美觀和調性是否和它們相符。如果，你的觀眾真的偏向某個方向（活潑的青少年／媽媽／遊戲玩家），你的開場可以加重某個主題的比例，從音樂到字體都可以極盡瘋狂。但如果，你要把網撒到最大並賺進最多錢，你的開場和臺詞就應該要簡單、時髦而且迎合品牌。意思是，不要說粗話。大部分品牌都不太想要自家內容緊接在你滿口髒話的開場之後，因此要確認你媽媽、奶奶和幼稚園老師看你的開場不會覺得反感，而你應該不會為此惹上麻煩。
- **縮圖**：這應該和你的開場和臺詞遵守一樣的規則。任何有瘋狂字體、古怪顏色和特殊效果的縮圖，都會導致這個網紅被歸類為青少年直播主。在你的縮圖上打

字完全可以接受，尤其是你如果想要從影片中大聲呼籲某些特別事情時，但要記得簡潔易讀的原則。

- **預告片：** 這可能是你的 YouTube 頻道裡最重要的部分，很遺憾的是，很多頻道上的預告片都被最新影片取代了。它不但是說服觀眾訂閱的工具，也在告訴品牌你是誰、你在你的影像部落格上所創作的內容，以及它們為什麼應該要聘請你。還有，請讓你的預告片維持在最新狀態。有些影像部落客的預告片是四年前的。看看著那支影片，再看看該頻道上的其他影片，你甚至看不出來那是同一個人。最好每季更新你的預告片，因為那會反映出當下的你。如果你因為在預告片裡是黑髮黑膚而錯過

> ### ⊚ 網紅洞見
>
> 對我來說，我的預告片重點在於要真實。我的 YouTube 頻道是一個分享能引起共鳴的美妝影片、以及偶有旅遊影片的地方。我認為，很重要的是要看著鏡頭，對著觀眾說話。在我的預告片裡，我分享關於頻道的簡要概述，還有他們可以期待看到的內容。在預告片結尾，我會鼓勵觀眾訂閱更多內容。
>
> —— @sonagasparian

機會很可惜，即使你現在是金髮白膚，而我正在找一位金髮美人，要為了行銷活動而把頭髮染黑。

Instagram

既然，置入性社群內容大部分出現在 Instagram 上，我們要把大部分的力氣放在這裡。當然，你可以把其中一些概念應用在 Facebook、Twitter、Pinterest 和 Snapchat 上，但 Instagram 是影響力行銷中最重要的平台，這點是不會改變的。

- **大頭貼：**為什麼老是有人不用自己的臉當大頭貼，這我永遠無法理解。這裡不是放自家商標的地方，也不是放你每日穿搭（#OOTD，outfit of the day）的地方，這是一個小小的圓圈，人們絕對是瘋了才會努力把一張全身照塞進去。網紅不了解的是，像我這行的人在極力推介人才給一個行銷活動時，我們必須做個簡報說明為什麼你是對的人選。簡報的呈現很重視視覺，因此，當我們需要快速抓一張你的照片來用時，你的大頭貼應該要堪用。但如果那是隨便一個東西的圖片，或者解析度低到，若我需要拉近時，你看起來好像點陣圖卡通角色，那就不能用了。你的大頭貼應該

要包含肩部以上，你應該要微笑（露不露不出牙齒都行），而且應該是光線充足的照片。如果你遵循這三個原則，你就會成功。

- **個人簡介：有那麼多要說，篇幅卻那麼小。**「喝咖啡，看夕陽，隨機歌詞，笑臉，嘴唇，星座」。你也許覺得自己風趣又神祕，但我只看到一堆字組成的簡介，其實什麼也沒說。這根本不是你想要給別人的印象。個人簡介超級簡單，因此，我不明白為什麼大家把它搞得這麼難。「美妝與時尚網站 XYZ 的創立者。以紐約市為活動範圍的網紅。名字 @xyzblog.com」。如果你常旅行，加上你目前所在城市的定位點，並在連結欄放上你的部落格、影像部落格或最新貼文，這樣一切便就緒了。我知道你是誰，你的工作，住在哪裡，目前所在地，還有你的聯絡資料。

  還有，拜託，放上你的真名，沒有姓也沒關係。你的用戶名稱放二次並沒有讓別人比較方便，而我因為不知道你的真名，必須在每張投影片上以你的暱稱來稱呼你，這會讓我的簡報看起來很呆。

- **要加標籤還是不要？那是個問題。**現在，既然你的照片和簡介都改得很好了，讓我們來談談在你動態消息裡的品牌整合。你也許會注意到，很多創作者告訴

🚫 別當那女孩

不久之前，我在一個以渴望與品牌合作的有志網紅為對象的專題座談會上演講，我要求大家參與一個小活動。我說：「如果，你有Instagram帳號，請舉手。」顯而易見地，所有的手都舉了起來。我接著說：「如果，你的簡介裡有你的聯絡資料，手就繼續舉著。」房間裡約有75個人，除了五個人以外，每隻手都放了下來。我看著他們，然後說：「那麼，你們要告訴我的是，你們做了所有的努力要引起別人的注意。我找到了你，想要把你加入我的行銷活動，卻沒有辦法聯絡你？你正好錯失了重大突破的機會。」

但是，布莉塔妮，我有個商業檔案，那還不夠嗎？如果我在用手機，也許可以吧，但是大部分的選才經紀人（casting agent）白天都掛在電腦上，而你的email不會出現在桌機版的Instagram上。指望商業檔案表示，你相當有自信我會在網站上看到你，拿出我的手機，在上面查詢，按下email按鈕，然後回到我的電腦上，再在那封email裡鍵入訊息。我這麼做過嗎？當然。但我喜歡這麼做嗎？完全不喜歡。絕不要做任何會讓僱用你參加行銷活動變得更困難的事。你永遠不會知道，看起來似乎小小的路障，是否會變成廠商不考慮你的理由。

你要點擊照片，看看他們和哪些品牌合作。那絕對是妙招。當你有可能參加一個行銷活動時，品牌會想知道，你所創造的內容有哪些是和它們的競爭對手合作，或者內容是關於對手的。

ABC品牌最不想看到的就是，一則你談到XYZ的睫毛膏並且說「那是有史以來最棒的睫毛膏！」貼文。廠商都超級敏感，你覺得它們的睫毛膏不是最棒的，這會惹惱它們。這裡插入哀傷的表情符號。而且，因為XYZ品牌並沒有付錢給你，也就沒有理由在你的動態消息裡這樣讚美它。加入一堆其他品牌，做個包包搜身（bag spill），把照片的說明寫成：「剛剛重新整理了我的化妝包，這裡是一些我最喜歡的好用產品。有哪些是你不能沒有的美妝產品？」然後，把所有的品牌都加上標籤（不是提及而已）。廠商還是會收到通知，知道你提到它們，但你不會因照片說明而無端地召來它們的競爭對手。

在我寫作本書期間，Instagram對它的社群推出了一個非常有用的按鈕功能，而我知道，它將會占有一席之地。典藏鈕是你最好的朋友，你絕對應該它。典藏鈕通常用在下列三種情況之一：（1）你和另一半／最好的

朋友有很多合照，而你們鬧翻了。（2）你決定把你的私人Instagram改成職業檔案、你增加你的照片庫，或決定開始使用一種新的濾鏡，因此，若將所有的舊照片與新照片並列，會看來很怪。（3）你在動態消息試用新功能，然後因為不知什麼原因，完全失敗，你想要把新貼文刪除。在這三種情形裡，你都可以直接把所有有問題的照片刪除，但要是你改變主意了呢？在創作置入性內容時，當行銷活動結束，你想把內容從你的動態消息中移除，這樣你才不會讓廣告主的競爭對手離你而去，進而失去未來的合作計畫，這時你可能也會使用典藏鈕。但是，你永遠、永遠、永遠要等到整個行銷活動結束後，再把照片典藏起來。更多關於廣告播放期間（flight）的資訊——這是什麼意思，以及如何典藏置入性內容而不會惹怒廣告主——請見第六章「合約」。

專家撇步

　　當我瀏覽Instagram，並查看某個網紅的動態消息時，我會特別尋找某些東西。引起我注意的第一件事是照片的整體外觀和美感。照片可無須經專業拍攝，但在影像的呈現上要有想法和考量因素。你的所有照

片不必都套上濾鏡或是手機修圖app「VSCO」的主題，但這絕對有助於建立起好的動態消息！

　　我也想要看到一份寫得很好的簡介。你在這部分所呈現出來的模樣有多麼重要，應該不需要我再強調了！你可以用關於你動態消息主題的簡短描述，以及任何其他讓你與眾不同的事實吸引到人們。你的故事是什麼？是什麼讓你與眾不同？試著把它濃縮，然後放在這裡。我也會看網紅住在哪裡。很多我參與的行銷活動，都要求來自某個城市或地區的人選。如果，我在看你的簡介時能馬上得知這一點，我就不必挖掘你的動態消息或部落格，以求更多資料——也就是你有更大的機會得到工作。

　　更重要的是，聯絡用email應該要列在你的簡介裡。除了你的居住地之外，在你的簡介中包含email，會讓品牌更容易接觸到合作對象。

——芭芭拉・貝茲・麥斯特
（Barbara Baez Meister，@barbmmeister），
赫斯特雜誌數位媒體內容工作坊網紅人才部副理

適用所有平台的內容創作指南

我們之前稍微談過內容方面的問題,有上千篇文章可以幫你找出適合你頻道的正確內容類型。不過,以下是你在設法贏得品牌注意時,應該一直謹記在心的五個洞見:

- **常貼文。**當我搜尋一個部落格/影像部落格時,我首先查看的是最後一篇貼文的日期。而且,不僅是在你首頁上的最後一篇貼文,我也會查看我要找的那個類別的貼文。如果,你自詡為生活風格類型的網紅,但你最後一篇風格貼文是在昨天,你的最

網紅洞見

我來自平面媒體,很可能因為這樣,編輯日曆已經成為我生命中不可或缺的要素了。它們在追蹤截稿期限和集體腦力激盪內容時很好用。以「This Time Tomorrow」網站來說,我通常會在每季開始時坐下來,規劃我所有頻道的高階內容策略,從主題到話題,甚至是支援貼文所需的影像資源類型。然後,我從那裡反推我所有的截稿期限,分配好某些內容何時需要拍好、寫好,如果需要的話,可能把品牌贊助內容傳給客戶。簡而言之,我的編輯日曆是我的聖經。

—— @krystal_bick

後一篇美妝貼文是一個月之前，而你的最後一篇旅遊貼文是六個月之前，那麼在我看來，你比較偏向風格部落客，而不會出現在我的美妝或旅遊行銷活動的首選名單上。如果，你真的想被視為生活風格網紅，務必確認你的內容平均分布在垂直市場中。一份編輯日曆能幫助你記錄你貼了什麼內容以及貼文時間。

- **包含一切**。如果，你在做一篇關於藥房的綜合報導，試著從每個主要廠商中找到你最愛的產品。如果，有個品牌看到那篇報導，裡面包含各家廠商，卻唯獨少了它，它會極端惱怒，一篇看來無惡意的自發性貼文可能會讓你失去未來的機會。然而，那並不是說你必須為了包含而包含，仔細留意才是關鍵。

我很確定，某個品牌的人員到你的網站上做的第一件事是在搜尋欄鍵入公司名稱，看看你有多少篇關於它的貼文。除非它的形象和你不符，否則不應該被引導到「你的搜尋無結果」的頁面。噢，那令人心痛。

如果，你不確定某個品牌的競爭對手是誰，去逛一下實體商店。它們通常會彼此爭搶貨架上的空間。如果，你寧願待在自己家裡的舒適空間觀察，ispionage. com 是個很好的資源。只要點擊「搜尋競爭對手」，然後在網站上鍵入某個品牌。在競爭對手那一欄裡，

你會看到一張也許不是百分之百正確的名單，但應該會是個很好的起點。

- **不要否定。** 有時候，你偶然用了一個很糟的產品或服務，你想要告訴你的觀眾，這樣他們才不會像你一樣失望。但是，提醒觀眾注意和像個瘋子一樣大聲責罵是不一樣的。那樣做的結果只是給品牌一個警訊，讓它們知道自己有一天也可能遭到類似的指責。

- **但也別那麼肯定。** 不可能每支口紅都是「有史以來最棒的口紅！！！」就像不是每個手提包都是你「看過最讚的手提包！！！」我完全可以理解那種對某產品或服務感到興奮的心情，但請別像饒舌天王肯伊‧威斯特（Kanye West）的棒球帽一樣招搖，驚嘆號請維持在最低限度，不然，你就是冒著聽起來很像迷妹而不是專家

網紅洞見

真實性是你唯一的武器──沒有它，你還不如放棄算了。人們可以在一英里以外就聞出你滿口屁話，而且，沒有任何品牌花的大錢可以掩蓋那個臭味。每一篇內容都應盡可能讓人感到可信及真實。你應該喜愛你的內容，就像你想要你的追蹤者喜愛它們那樣。

──@mynameisjessamyn

的風險。

- **進入下個階段。**我懂的，因為你是個風格部落客，所以你顯然必須拍你的衣服。或者，你是個美妝影像部落客，因此你顯然要拍教學影片，不過變化是人生的調味料。你最愛的媒體都會藉由創造不同類型的內容讓觀眾一直感興趣了，你也不能例外。但我該創作什麼類型的內容呢，布莉塔妮？真高興你問了。

- 在判斷一個網紅的表現是否真的很好時，我會尋找四種類型的內容。這四種都有的話，顯示她有創造多類型內容的技巧，而這就讓她夠格參加更多行銷活動。

1. **你的照片：**你的髮型如何？你的化妝風格如何？你大部分穿牛仔服飾還是洋裝？你散發出奢華風格或者是個日常系女孩？你看起來過於努力，還是做自己好自在？

2. **你周遭環境的照片：**這包含夕陽、室內、食物、風景等等。如果，我要派你去外地出差，我需要知道，就算你不在照片裡，你也能透過照片說故事。

3. **平拍和包包搜身：**讓我看看你如何把每日穿搭衣物平鋪在床上，如何展示你正在打包的行李箱，或是你的健身包／媽媽包的內容物，這些有助我想像客

戶的產品在你的動態消息上呈現的樣子。

4. **影片**：如果你也有影像部落格的話，這點顯然沒那麼重要，但如果你沒有，這就百分之百必要了。如今有那麼多創作的內容是影片，而它才剛開始成為置入性內容派餅裡較大的一塊。如果，你想限制出現在你動態消息中的影片內容量，那麼你就必須把一切都放在你的限時動態裡。如果我不知道你在鏡頭前看起來或聽起來如何，我沒辦法選你來拍片，這是那些行銷活動必須考量的事。

就平衡自發性內容與廣告來說，我會遵守70／30法則。也就

💡 **專家撇步**

當網紅創作付費貼文或貼出她們的公關品時，圖像、標題和標籤最後看起來都差不多或一樣。因此，當我在選擇網紅時，我對她如何設計用自己的錢買來的東西比較有興趣，而不止是她拿到的公關品。那不但讓我更了解她的拍照和構圖技巧，更告訴我她的個性和品牌是什麼樣子。這個人買了那雙絲絨雀爾喜（Chelsea）靴，或是那件V領前蓋花洋裝，是因為她確實喜歡且必須擁有。

——嘉達・黃（Jada Wong，@jadawong），赫斯特雜誌數位媒體內容工作坊前資深編輯

是每十篇貼文／照片／影片，其中有七篇應該是自發的，三篇可以是贊助的。看似隨著你接下愈多行銷活動，你便需要創作更多自發性內容，但不想讓觀眾對你的業配文感到厭煩，就得如此。如果他們會，那些貼文的效果就不好，而品牌也不會再找你。

贊助的貼文應該都要能讓你的觀眾說出：「嘿！XYZ網紅和XYZ品牌合作。好酷！」而不是：「噢，天啊，這又是XYZ網紅的另一篇業配文。」你也不應該對每一個找上門的行銷活動通通說好，尤其如果是類似的產品時。如果，你過去一個月裡，試圖要把五個不同品牌的睫毛膏賣給你的觀眾，他們為何要相信你？對你喜歡而且如果不拿錢也會用的產品才點頭，其餘的都要說不。拒絕上門的錢不容易，但長遠來看，你不會後悔的。

網紅洞見

對你的品牌和你創作的內容要有熱情。如果，你不是因為對的理由而做的話，很快就會在你的作品中顯現出來。你必須喜愛你所背書的內容，否則就會被視為不真誠，你的觀眾也就不願與你互動了。

——@reneeroaming

海蒂・娜札魯汀

@theambitionista + theambitionista.com

　　海蒂・娜札魯汀是我最喜歡的網紅之一，因此，以她為首位指標網紅再適合不過。身為「The Ambitionista」網站的創辦人和總部落客，海蒂創造了成功與幹練女性必訪的風格網站。她運用自身影響力創立了部落客聯盟（blogger network）「Blogger Babes」；建立品牌、設計、內容創作和社群媒體管理公司「Marque Media」；以及給當代企業家和企業中進取之士訂閱的禮物箱訂閱服務公司「The Boss Box」。海蒂的任務是以時尚征服世界，看來她一定會成功。

關於成為風格部落客

　　我以前是一家那斯達克上市公司的執行長，但我發現自己必須做點別的事，便在大約十個月後辭職了。我並不是「跳進」寫部落格這一行，而是一步一步慢慢來。我讀了約 50 本時尚類書籍，主題包含時尚歷史、時尚設計到時尚界人物傳記，同時也去上寫作課。到我辭職時，我有四個可以穩定依賴的客戶聘我為時尚寫手，同時我通曉的時尚知識也和任何《時尚》雜誌（*Vogue*）編輯一樣，足以完成九月號雜誌（September issue）[4]。

關於維持 Instagram 頻道的平衡

　　我有一條 80 ／ 20 守則：我的動態消息有 80%必須是自發的內容，20%是付費的內容。隨著我合作的品牌愈多，要遵循守則變得愈來愈困難，但是，我會確認合作對象是我不管怎樣都會使用的品牌，或是我知道我的讀者中有很大一部分會喜愛的品牌。例如，我和一個交友 app 合作，即使我不會

4　九月是時裝界的「一月」，是個決定來年要流行什麼、傳達主要概念與訊息的月份，所以該期雜誌通常會是一年中最精彩豐富、最重要的一期。

用它（我的感情很幸福），但我很肯定讀者中很多人單身，而他們會**超愛**這個應用程式，所以我沒考慮太多就答應了。我也有堅決說不的時候，我不和任何宣傳性別／種族／膚色或性傾向不平等的品牌合作，若品牌宣揚的價值是我所反對的，我也不合作。為此，我曾拒絕五位數的美白產品邀約，甚至拒絕過某個時尚品牌，因為它們在最近一次行銷活動中，聘用一位以粗魯對待女性出名的爭議性攝影師。

關於創作高品質內容

好照片的三個最重要元素是說故事與構圖、高品質設備以及後製。想到說故事與構圖，你應該問自己，這張照片在說什麼，或者我（在Instagram上的）一系列圖像在說什麼？高品質設備可以是一臺好相機〔我有一臺非常基本的單眼相機和一支可以拍出驚人美照的三星（Samsung）S8+智慧型手機〕。而後製指的是，確保你的照片經編輯後光線平衡，並潤飾一些小地方。很多內容創作者會使用濾鏡以創造正確的情緒。我唯一會勸阻的行為是，別修得太多，別人都快認不出

你了。對你的追蹤者來說，如果他們在現實生活中遇到你，而你看起來不像他們以為的樣子，真是令人很困窘。

關於最近和經紀人簽約

在開設部落格的前五年，我沒有經紀人，最近才和現在合作的經紀人簽約。有個好經紀人真的很棒，因為你可以和他或她分享點子，而且經紀人可以集中精神把你的點子化為實際的行銷活動，並代表你去找品牌合作。但我也蠻喜歡沒有經紀人，而我仍做得很好這個事實。我想，那讓我有把握和自信，知道不管怎樣都可以撐過去。我決定現在和經紀人簽約，是因為我的計畫讓我非常忙碌，讓她代替我去做某些事情要有效率得多。

關於建立一個團隊

我有一位全職的個人助理、一位社群媒體經理和一位編輯，還有一位固定合作的攝影師幫我處理視覺內容。以及前面提過的，我也有一位經紀人幫我接洽所有的行銷活動。如今我有了一個團隊，但最初的四年，除了那段時間斷斷續續合作的一位

線上虛擬助理之外，每件事都是我自己處理的。不過，我很高興現在有人幫忙。

關於她登上《美麗佳人》馬來西亞版封面，參加吉隆坡時裝週以及成為國際級明星

我從來沒有以《美麗佳人》封面為目標，我真心覺得有這次經歷超級幸運。我的確有像是「得到 X 數量的追蹤人數，和 X 數量的大品牌合作，還有在未來 X 個月裡，在三場時尚研討會上擔任主講人」這樣的目標。我的團隊和我努力達成那些目標，而當你有了目標，事情的發展過程會變得很有趣。大部分的目標都可以達成——但對於時機，你必須實際點。從我寄 email 給吉隆坡時裝週主辦單位，直到確認我可以參加，總共花了 18 個月。

當你的觀眾是許多不同國家、不同族群的人時，務必確認你的內容是統一的，但你也應該要準備給特定族群的內容。不管我做什麼，我的內容往往具有鼓舞勵志作用，有時候也搞笑。這就是我的特色，所以我所有內容都會像那樣。然後，我會聚焦特定團體。也許，今天是關於對付馬來西亞的油性肌膚，而下星期是關於和好萊塢類型的人打交道

（給我的洛杉磯讀者），再來談到開齋節（Eid al-Fitr）的準備——因為，我們家是穆斯林，我有很多馬來西亞的穆斯林追蹤者。我讓我的內容真實而且統一，而每個人都可以得到某些特別的內容。如果，你有來自另一個國家的目標觀眾，確保你會定期準備適合那些特定觀眾的內容，這樣他們才能在某方面與你有共鳴。

關於網路

我認為關鍵在於要「真實」而且不要怕別人怎麼想。我和很多女性聊過，很多時候，她們對於要和想見面的對象說什麼都想太多。只要眼神接觸，微笑，等他們回以微笑，說些無關緊要的好話，如「我喜歡你的衣服」或是「你的鞋子真好看」，任何真實的事情都可以——然後，以此為起點。在網路上也是一樣，追蹤你喜歡的人，然後開始互動，而且要真誠。我從來不會給出虛偽的讚美。我最好的建議是：樂於幫忙，不求回報。當你先表現得慷慨大方，很有趣地，人們也會變得十分慷慨。

關於與黑粉打交道

　　我受到某人的數位霸凌，指控我花錢買追蹤者。他決定發匿名信給和我合作的品牌（他真的花時間找出我在業配文中標注的品牌聯絡email），然後告訴它們我花錢買追蹤者。當然，全是謊言而且沒有證據。我的團隊、律師，甚至朋友和家人都告訴我，要走捷徑私下解決。但我決定把他的email截圖並貼在我的社群媒體帳號上，實際上就是告訴他「放馬過來吧」。他有點嚇到，聯絡每個他寄發email的對象並且道歉。所以，我在這件事發生後大約四小時，把這個狀況解除了。如果，我選擇私下默默解決，可能要耗費我數千美元的律師費，數個月的時間，還有許多痛苦折磨。

　　我認為，霸凌者是懦夫而且不能和他們交易，你要表現出你並不怕他們。透過此事，我了解到誰是真正的朋友、有時候你必須直接面對問題，還有我的追蹤者很棒。那篇貼文有1000則留言，有些追蹤者甚至在他們的動態消息上貼出鼓舞人心的金玉良言獻給我。這讓我了解到，社群媒體可以有多團結。

關於女性主導影響力行銷
以及 Instagram 創造不切實際的期望

　　我認為，女性是善於社交的生物，而且比男性更容易形成強大的關係與人脈，因此，由我們來主導社群媒體是很自然的事。我確實認為 Instagram 可能創造不切實際的期望。我曾收到追蹤者的留言和私訊告訴我，我的內容讓他們覺得沮喪和看見自身的不足。那你知道，我現在怎麼做嗎？我發布很多關於我真實生活的 Instagram 限時動態和 Facebook 貼文，通常未經編輯。這樣一來，他們會看到某則 Instagram 貼文的前置準備工作，包括我辦公室裡的一片混亂，幫助我脫離困境的團隊，以及半夜三點的狀況。還有，如果你常看我的照片說明文字，我常常拿我的圖像和動態消息開玩笑。基本上，我傳遞的訊息是，他們看到的照片只是經過精密編排的精采片段，而且主要具有鼓舞作用。真實的我就像大部分的職業婦女：經常拚命工作到半夜二點，清洗堆了一星期的衣服。而所有完美無瑕的照片都是團隊合作與後製的成果。當他們問起，我告訴他們照片經過編修。我也會貼出我的確有煩惱的事實——就像所有人一樣，我也得努力對抗皮

膚問題、體重問題和工作問題。這沒有關係，而且很正常。

關於後見之明

我給想當網紅的有志之士的建議是，創作令人讚嘆的內容，但要真實且真誠。長遠來看，完美角色對誰都沒好處。事實是要放開一切。我也希望，我以前別那麼在乎要表現得一本正經又循規蹈矩。我仍然客氣有禮，但我現在講話肯定比較不受拘束，而這真的有助提升我和追蹤者間的互動。我也希望，在我創業之初能和更多部落客建立良好關係。並不是我不想，而是我忙著創作內容，因而我就有點隨心所欲地做了。和同行交朋友應該會讓我免於犯下某些錯誤。

觀眾

如何讓群眾追蹤你並參與互動？

　　當網紅發布內容時，他的觀眾會注意聽他要說的話，而且他們信任他，即使那是廠商贊助的內容。這是廣告主僱用網紅的主要原因：他們想要接觸觀眾。品牌每年花費數百萬美元，創造並宣傳那些人們封鎖、跳過或直接滑過去的廣告，但當他們把自家產品／服務放在網紅的手中時，他的觀眾就會注意到。正是因為如此，建立你的社群才變得這麼重要。就算你的內容非常出色，但要是沒有一群愛看你創作內容的忠實觀眾，你也影響不了任何人，廣告主也不會僱用你。

當你看到有多少網紅擁有50萬以上的追蹤者時，增加你的觀眾人數也許看來是個令人生畏的任務。但要記住，你不需要有那麼追蹤者才能成為專職網紅。有些我最喜歡的網紅，如 @krystal_bick、@heygorjess 和 @scoutthecity，在追蹤人數稍多於10萬時成為專職網紅。我們會以這個數字為指標，但以下的任何策略，不管你有多少追蹤者都適用。

通往10萬 Instagram 追蹤者之路

第○階：0到2499個追蹤者

你可以藉此判斷自己是否適合成為網紅。在這個階段，你能測試出自己是否有定期創作內容所需的興趣與責任。告訴你的家人、朋友、同事和隨機遇到的人，你有志要當網紅，他們應該追蹤你的 Instagram，接著努力讓你的部落格／影像部落格和社群內容臻於完美。還沒有任何人真正注意到你，因此，你還可以繼續實驗或犯錯，直至找到自己最滿意的做法。同時也要確認，在部落格中加進你的 Instagram 追蹤按鈕。很多主題都有這個功能，但如果沒有，你也可以找到有這功能的外掛程式。

一旦你覺得自己已能掌控內容時程表，你就可以從很多網路社群中選一個加入，以增加你的追蹤人數並得到針

對內容的回饋意見。Facebook上有很多網紅社團，依地點、垂直市場（時尚、美妝、風格、親子、美食、DIY等等）或廣泛興趣來分類。加入它們、介紹自己、邀請別人追蹤你，並對你的內容發表意見。只是務必在宣傳你自己或你的作品之前查看社團的規定，因為，有些只允許在一週之中的某幾天放上連結。當你在尋找社團加入時，你可能會偶遇自稱「Instagram pods」的團體，基本上是由一群保證會彼此追蹤並對彼此貼文留言／按讚的人所組成。這也許看來很誘人，但到最後，它的壞處可能大於好處。你想要的應該是因為真心喜歡你的內容而有所互動的追蹤者，而不是只因為你會回報好處的追蹤者。

> **◎ 網紅洞見**
>
> 有時候，人們並不了解每篇貼文背後需要多少腦力激盪和努力。動機誘因讓你起步，責任承諾讓你堅持下去。
>
> —— @tsangtastic

第一階段：2500到4999個追蹤者

你也許讀過一些文章告訴你，使用井號標籤（#，hashtag）便能立即獲得追蹤者。為何這不是最佳做法，理

由如下：第一，在你能精準掌握發言與貼文時程表之前，邀請陌生人來看你的內容沒什麼幫助。第二，井號標籤會引來機器人帳號，而這會讓你丟失你真正的追蹤者。最後一點，初期你容易濫用井號標籤，因為你不顧一切地想要增加追蹤人數。一旦可以精準掌握發言和貼文時程後，你就可以開始用井號標籤。無須瘋狂使用，五到七個井號標籤便足以完成任務。混合使用各種標籤，看哪些標籤會得到最多追蹤者和最多讚。

一些風格、美妝和旅遊類的最佳標籤如下：

 網紅洞見

我想分享的建議是，找到你的「理由」，然後堅持下去。凡是你喜愛的事物就分享出去、熱愛分享、要有新鮮與獨特的觀點，但永遠不要忘記你想要分享的初衷。每個人的理由不盡相同，還可以成為創作出極佳內容的催化劑。你想要分享／貼文的理由會強化你的聲音，並從你的內容中輕易得見。正因如此，這個空間才會如此令人驚奇，擁有這麼多不同的觀點。

——@simplycyn

- 風格：#style、#styleblogger、#instastyle、#igstyle、#personalstyle、#fashion、#fashionblogger、#fashionista、#instafashion、#igfashion、#OOTD、#ootdfashion、#ootd-

magazine、#outfitinspo、#whatiwore、#wiw、#lotd
- 美妝：#beauty、#beautytutorial、#beautyjunkie、#bblogger、#instabeauty、#makeup、#makeuptutorial、#wakeupandmakeup、#makeupaddict、#makeuplovers、#fotd、#motd、#cosmetics、#hariinspo
- 旅遊：#travel、#travelblog、#travelblogger、#travelphotography、#instatravel、#travelgram、#traveling、#travelling、#traveltheworld、#doyoutravel、#seetheworld、#wantderlust、#passionpassport、#digitalnomad、#stayandwander、#beautifuldestinations

第二階段：5000到9999個追蹤者

　　一旦你能像專家一樣使用井號標籤後，就該增加追蹤者人數並對他們的貼文按讚。在這個階段，你只會想追蹤那些極有可能會反過來追蹤你的人。因此，我會限縮在那些有類似貼文內容，但追蹤者人數比你少的人，還有一些在第三階段的人。就拿內容按讚方面來說，選擇一個你所使用的井號標籤，對每一則有共鳴的內容按讚，不管那個網紅有多少追蹤者。按讚的目的是要在Instagram上盡可能得到關注。你會看到一些提供追蹤別人並幫你對他們的內容按讚／留言的服務，別用。那是抄捷徑，結果只會讓你

網紅這樣當

的名字和一堆表情符號還有像是「好酷的照片，老兄」這樣的留言連在一起而已。

第三階段：1萬到2萬4999個追蹤者

　　恭喜！你正式成為業界所說的「微型網紅」（micro-influencer）。在第四章，我們會談到如何製作新聞資料袋、單張公關稿以及把訊息傳播給媒體。在這個階段，你

可以開始想辦法讓自己登上你在每個網站上看到的「值得關注的Instagrammer」名單。繼續在社團中重覆介紹自己，使用井號標籤，對內容按讚，以及追蹤紛絲比你少的網紅和一些第四階段的網紅。

◎ 網紅洞見

　　人脈超重要！對於任何有志要做某件事的人來說，建立人脈是關鍵。對想當內容創作者的有志之士，我會說，你絕對該和其他部落客建立良好關係。攜手合作，一起接管這個世界吧！外面已有許多成功人士，何不拉其他人一把？另一件重要的事是，盡可能努力常去參加活動。那和建立人脈有關，露臉總是好事。最後，思考你想要你的品牌識別（brand identity）是什麼樣子，並和那些符合你品牌識別的人建立關係。

——@tsarin

第四階段：2萬5000到4萬9999個追蹤者

　　你可能已出現在一或二份名單中，也已經接下一些

小型行銷活動，而這是你開始和其他網紅合作的階段。合作會讓你接觸到新的觀眾，並幫助你找出可能靠他們自己不會發現你的追蹤者。這也有助得到新的創作能量，因為和你一起合作的人有他們自己創作內容的方式，可能是定格攝影，也可能會是到令人興奮的新地點拍攝。這也讓你持續和別人保持連結。我想，有志當網紅的人不了解的一件事是，這一行可能是很孤獨的。當你的工作內容是在Instagram上完美地呈現生活上的一切，或至少看起來如此時，對不是這一行的人來說，這會有點太過頭了。有些最成功且快樂的內容創作者，是那些把他們的朋友、家人和寵物一起帶進來這個世界的人。

別當那女孩

　　每當我看著一個網紅的動態消息，不管我往下拉多少行，都看不到有任何其他人出現時，這總是讓我很震驚。她沒有朋友嗎？她過著被單獨監禁的生活嗎？如果，她真的沒有遇到任何一個人類，那這張照片是誰拍的？

　　我曾幫一個活動找人，廣告主想要找一個網紅和她的朋友。我和助理翻過數十份檔案，沒有一個在

她們的動態消息裡出現過朋友。當你進行#死黨任務（#SquadUp），你的動態消息會比較少關於你和你的生活多完美，而比較多是你和死黨有多棒的動態。此外，這還可以讓你接到團體旅遊的活動。感覺就像是，單純因為你有朋友，所以可以得到免費假期。誰會不想加入這個行列？

芮妮・丹妮拉（Rene Daniella，@ownbyfemme）的動態消息裡有許多她看起來美麗動人的照片，但她和死黨狂歡作樂的照片數量也不遑多讓。這讓她看起來像個人，讓她看起來有趣，而且讓人們想要追蹤她，看看她要做什麼。另一個例子是賽・德・西薇瓦（Sai De Silva，@scoutthecity）。她的動態消息有很多她的照片，但她的小孩，倫敦・史考特（London Scout）和里約・戴許（Rio Dash）真的搶盡風頭。更因為她的企業是以她的孩子為賣點，孩子就是她工作的一部分，所以她可以和他們一起到處旅遊並創造內容來賺錢。那就是我所謂的全包。

想要找#情侶目標（#couplegoals）？那就找米夏拉・葳森（Michaela Wissén，@michawissen）和萊禮・哈潑（Riley Harper，@lifeof_riley）。雖然，我不喜歡萊禮用下橫線，但我的確喜愛他們總是出現在彼

此的照片中。他們是情侶，因此他們總是在一起而且
出現在對方的動態消息中很合理。我甚至一起僱用過
他們，萊禮當模特兒，而米夏拉拍照。

如果，你想知道如何進行死黨任務，關鍵就在於和
你欣賞的部落客建立關係。參加活動，發私訊給他們，努
力建立關係。我與人共同創辦「CreatorsCollective」組織
正是為了要幫助有志當網紅的人，以負擔得起的方式，和
其他網紅以及頂尖編輯、品牌和業界的經紀人建立良好
關係。市面上還有其他的研討會，像BlogHer、Create &
Cultivate、Beautycon和VidCon，但是，它們都要收很多
錢，因此，務必要和很多出席者搭上關係，才不會浪費這
個機會或你的錢。

當你和朋友一起做事，每件事都變得比較有趣，而內
容創作也不例外。拉著你的死黨，一起創造些魔法吧。

第五階段：5萬到10萬個追蹤者

到達5萬人時，你就要開始接觸品牌，承接行銷活
動。通常，品牌會把你的內容貼在它的社交媒體頻道上，
就算沒有數百萬，也有數十萬可能會追蹤你的人看到你

的內容。我們會在第四章談到接觸品牌的最佳做法，但就算你沒有參加官方的行銷活動，也有一些方法可以讓你的內容成為焦點。井號標籤能幫助新追蹤者發現你的內容，但它們也是一個引起品牌注意的重要方法。媚比琳（Maybelline）要求追蹤者使用#mynyitlook，好有機會在它們的社交頻道上成為主推內容，而絲芙蘭（Sephora）則使用#sephorahaul。有一些較小的品牌，尤其是那些只在網路銷售或是沒有上百家實體店面的品牌，會依靠網紅為它們創造可以發布的內容。事實上，社交媒體編輯的工作就是仔細檢查這些井號標籤，找出最好的內容，因此這會是你被發掘的理想方式。但請記得也要追蹤它們。沒有什麼比聽到一個網紅滔滔不絕述說自己有多愛一個品牌，然後卻發現，他根本沒有追蹤它們更令人洩氣的了。

想要和廣告主合作並增加追蹤人數？你可以提議幫它們舉辦比賽或抽獎活動，但要確定你知道兩者的差異。大家會把這些字混著用，但它們代表的意思並不同。在比賽裡，每個參賽者會經過審查、評斷，然後根據一些規定條件來決定冠軍是誰。在抽獎活動裡，贏家則是由所有合格的參加者中隨機選出。請你的追蹤者標注一個共享獎品的朋友，或者標注一個會喜歡貼文中所穿洋裝的人，就有機會得到一件。獎品不必一定要奢華，但要和你的品牌有

關。如果你是個美妝部落客，送出你最愛品牌的最新節慶彩妝盤。如果，你的部落格都在談精打細算的時尚？T. J. Maxx 或 Marshalls[5] 的禮物卡最適合。別送那種任何網上的路人都想得到的東西，不然，你就只會有一群人為了贏得一臺 iPad 而追蹤你的帳號，但其實並不在乎你或你的內容。記住，增加你的追蹤人數是很好，但留住他們才是最重要的。而要達到這個目的的方法就是，創作出讓他們不斷回來想看更多的內容。

社群藏在留言裡　　　　　　　　　　◁

我們已經談過內容、井號標籤和比賽，但我們別忘了留言。留言是內容創作者的命脈，你應該在每則貼文的最後問觀眾問題，藉機讓他們養成留言的習慣。

如果，品牌看到你的留言區是個正面的園地，人們樂於彼此分享祕訣，這會讓你成為品牌想要合作的極佳網紅。任何人都可以對照片點兩下表示喜歡，但留言是真的要花時間和精力去寫的。所以每當我看到有人問網紅，她的手提包在哪裡買的，或上衣是誰做的，卻只換來一片靜

5　T. J. Maxx 和 Marshalls 都是專賣過季或剪標商品的折扣連鎖商店。

默時，這總會讓我搖頭不已。

　　回覆留言就和你精心安排這個星期要發的內容，並確保你的動態消息看起來無誤一樣重要。一開始，要熟知並掌控一切狀況可能很容易，但隨著你的人氣上升，便會愈來愈來困難。當這種狀況出現，每星期抽出幾個小時看過留言，並回答所有問題，盡可能對留言按讚。如果這超出你自己的能力範圍，找個朋友幫忙。如果，你每天抽出二秒鐘和這個追蹤者互動，他和你之後貼文互動的可能性會大幅提高。關心你的社群，它就會關心你。

 網紅洞見

　　盡可能回答留言，直到真的多到你無法處理為止。如果你每個人都回覆，留言數可能很快便會倍增。只要做到這麼簡單的一件事，就可以讓互動熱度加倍。和你的訂戶互動非常重要，以便建立關係和社群。

—— @sonagasparian

　　當你收到很多正面的留言或有建設性的批評時，這很棒，但要是收到來自能得到最佳被動式攻擊留言大獎的刻薄女子的意見呢？當你在別人的動態消息上看到負面留言時，直接滑過很容易，但當那些留言是在說你時，你要怎麼辦？很多人會說：「無視黑粉。」說得簡單啊。

　　我偶然發現一個網站，蹩腳到我甚至連名字都不想提，以免你去搜尋而增加它的網頁瀏覽量。這個網站上有個討論串，讓你可以稱讚某個網紅，裡面有超過8000則貼文。我想，那還蠻酷的，直到我看到也有一個討論串，讓你可以批評謾罵某個網紅，這一串有140萬則貼文。等等，什麼？這些人是誰啊，坐在哪裡什麼都不做，喝著一箱箱的「黑特汁」[6]？他們沒有別的事好做嗎？以下有雷：

6　原文為 haterade，hater 意指仇恨者，網路用語翻成「黑特」。-ade 意指某物製成的甜飲料，如檸檬汁（lemonade）。作者在此自創一種飲料 haterade。

他們沒有。

當你創作出很棒的內容時，你會累積一群透過你來實現夢想的群眾，但你也會招來蠻多心懷嫉妒，想要把你撕碎的追蹤者。你的觀眾愈多，你愈會成為目標。還好，社群網路學聰明了，現在可以讓你關閉某則貼文的留言功能，或是封鎖含有特定字詞的留言。使用這些功能，而且不要害怕刪除滿懷恨意的留言以及封鎖別人。這對你的神智健全和你建立的社群都最好。

你的黑粉有可能只是無法以合理的方式表達自己的粉絲，因為愛與恨只有一線之隔。當他們出現在你的留言區，謝謝他們在社群中的活躍，然後繼續做別的事。你沒有時間管這種負面留言。你還有目標要追求。

買追蹤者和按讚數

我把這部分留到最後是因為，這理當是不用說的事，但不管，我還是要談。說到買追蹤者和按讚數，我得說別這麼做。但是，那些保證會有真人追蹤和按讚的網站怎麼樣？別這麼做。但要是那真的很划算，而且是朋友推薦的呢？別這麼做，而且那個人才不是你朋友。那些會幫我在別人的照片上留言的網站呢？別這麼做、別這麼做、別這麼做。

👎 別當那女孩

我有一張我一直在關注的新興網紅名單。她們的追蹤者人數很少，但我知道，她們成為正式選手只是時間問題，因為，她們的內容真的、真的很好。等她們其中很多都達到 10 萬粉絲時，我就猛然出擊，開始竭力向活動單位推銷她們，而當你給客戶看他們從來沒見過的新人時，他們都**超愛**。

但其中有個女孩，我已追蹤了好幾個月，我有次查看她的檔案時，看到她的追蹤者跳增 3000 人，幾乎快到 10 萬人了。我超級為她興奮的。肯定有人也發現了這個很厲害的內容創作者，並在他們的網站上主打她，所以她的追蹤者人數才會激增。錯。我查看她的互動程度，發現就一個追蹤人數像她這麼多的人來說，超級低的。因此，我接著查看成長曲線圖。噢，你瞧，在大約兩星期裡，她的追蹤者人數飆升，她顯然花了錢買追蹤者。如果她再等幾個月，她無論如何都能達到那個人數的，但她欺騙了系統。我注意到了，而且我確定不是只有我看到而已。不用說，我沒有和她聯絡，而且很可能永遠不會。

你可能有點印象，2014年發生了一件稱為Instagram清除幽靈帳號的小事。Instagram決定刪除所有的假帳號和機器人，名人和大咖網紅的追蹤者人數都在一夜之間大量消失。很難說下次清除是何時，但你一定不想像饒舌歌手Ma$e那樣，追蹤人數在一夜之間從160萬人掉到27萬2000人。他無地自容到把帳號刪了。這事不會發生在你身上，因為你應該不會這麼蠢吧，對嗎？

　　如果，你進入這一行的原因是正確的，只要持續創作好的內容並和你的觀眾互動，追蹤者自然會來。這不是一場短跑，而是馬拉松。永遠不要忘記這一點。

莎札・韓翠克絲

@sazan + sazan.me

莎札是我開始在赫斯特集團工作後，首先「搞定」的幾個大咖之一。我已經追蹤她好一段時間了，但沒有適合她的行銷活動。當我需要一位能自拍單色系假日服裝的時尚部落客時，我知道莎札就是我要找的人了。和她合作很愉快，而且她有網路上最棒的死黨團隊之一。

關於開始經營部落格

在我開始經營部落格之前，我希望我問過自己這些問題：

- 我願意投資嗎？（時間、金錢和精力）

- 我願意做研究嗎？我從來不是個好學生，但在我的部落格生涯中，寫部落格強迫我投入無數時間做研究後，才能按下「發表」鍵。
- 我能承擔責任嗎？開始經營部落格，連帶要有所犧牲。我很快就知道，我必須願意犧牲我的時間，並真正地投入精力於我的部落格——尤其是剛起步的時候。

關於推出你的YouTube頻道

在我的部落格生涯中，當我覺得想貢獻更多屬於個人的東西時，推出我的YouTube頻道真的是最佳決定。影音部落格是我最喜歡的影片形式。我創作影音部落格（不管內容是旅遊或個人的），是因為我喜歡它們的真實性。它們不止侷限在時尚與美妝，而且讓其他人感覺他們可以認識另一面的我。

關於你的Instagram角色

我的Instagram「角色」無疑從平鋪式構圖（flat lay）[7]進化到真實生活點滴。我了解什麼最好（從

7　將靜物平鋪後從上方俯拍的攝影方式。

內容的角度來看），我的追蹤者最喜歡充滿個人色彩的時刻。我努力依照我的情緒和我身處的人生起伏來貼文。人生無法預期，所以，說真的，事先制定太久遠的計畫很不切實際。然而，我的確喜歡把我的相機膠卷整個看過，然後透過可預覽版面配置的 UNUM app 安排我的 Instagram 動態消息和內容，UNUM 有助我仔細安排貼文。

關於在網路上長大

我基本上毫無隱瞞，沒有什麼祕密（絕大部分都是）。我喜歡分享的個人生活片段是我最重要的精采時刻，或是我覺得心裡有些什麼必須要分享。我和我的觀眾分享無論好的、壞的或醜的，我認為自己因此得到了某種程度的尊重和欣賞，而這也讓我和其他網紅有所不同。負面留言以前會讓我很沮喪（我也是人啊！），但過了一段時間之後，我意識到他們有意見的不是我——是他們把自己心裡的某個問題投射在別人身上。我會試著無視，或者以仁慈來遏止它。:)

關於組成自己的死黨

部落格社群很令人驚奇——尤其是當你發現和你同行的女孩，和你有某些個人的共同點。我絕對認同在相同／類似的職業裡有朋友很重要。你們可以用自己的方式幫助、鼓勵、激勵和教導彼此。沒有我的死黨，我不知道自己現在會在哪裡。

關於獨立作業

在生涯初期，我很快就了解，經紀人不適合我。我非常堅持親自動手做，而且自己物色並建立起一個絕佳內部團隊。去年起，我帶進一位個人經理，貝瑞特·魏斯曼（Barrett Wissman），他只和我還有其他幾個客戶緊密合作。我的髮型師介紹我們認識，自從我們讓他加入團隊後，他讓我的職業生涯進入另一個層次。多虧有了他，我們腦力激盪出我的第二項新事業「Bless Box」並付諸實行。當你找到對的人，他們可以看到你的願景而且和你一樣努力讓它實現，這真的很棒。

關於維持家族形式的企業

我無法和我不信任的人工作，因此，對我來

說，和家人一起工作是**目標**！史提維（我先生）、布莉塔妮（我小姑）和我注意到，我們三個真是合作無間，因此決定要全心全意把這個事業更往上提升。我們都清楚並扮演好自己的角色，彼此都有非常出色的表現。我們全都熱愛自己的工作，而且，說實話，能夠經營一項足以提供我們全職薪水的部落格事業，真是一種恩賜。我們鮮少爭吵，但當我們意見不同時，我們決不會讓這種分歧滲入彼此的私人關係中。工作是工作，這是我們的原則。

關於回饋

我百分之百相信，數位網紅有平台、才藝和能力創造超越自我的「品牌」。我們可以透過網路和社群媒體，以正面的方式影響別人，這真是太美妙了。在我推出我的美妝禮物盒訂閱服務「Bless Box」時，我一直有個夢想，想讓它再更進一步，於是啟動了「回饋福氣」新計畫。我喜歡和人相處，而且確信自己可以在社群中做更多以幫助需要的人。我們啟動計畫後收到的愛與支持讓我很吃驚，而對我來說，最棒的部分是和我的網紅好友之一蘿倫·布許奈爾（Lauren Bushnell）一起合作，並且

出其不意去造訪維士塔德馬（Vista Del Mar）的兒童，帶給他們驚喜（這是一家位在洛杉磯的身障兒童治療中心）！那真是很棒的一天。

關於女性主導影響力行銷

誰領導世界？女人！身為女老闆，我認為，我們已經為想進入這個新產業的女孩鋪好路，這真是太棒了。我無法為所有人發言，但我敢說，我的網上角色愈真實，我就和全世界的女性有更緊密的連結。我給年輕女孩的建議是，做你自己。擁抱你古怪的那一面，或是讓你之所以成為你自己的特點。

關於後見之明

我希望在我剛起步時，有人告訴我，沒有在一開始就把所有事想清楚沒關係。我以前一直認為，自己必須把一切都安排好。事實是，你必須在這個令人不適的環境裡找到安適，了解它步調快速而且一直在變動。變動是好的，你不能讓它拖慢你達成最後目標的腳步。擁抱變動和隨之而來所有成長帶來的痛苦。

PART

包裝你的品牌

786位追蹤

優勢

如何從眾人中脫穎而出？

...

　　有志成為網紅的人很多，如果你想要和最好的品牌合作，你就必須凸顯自己。不管是了解你與觀眾的互動程度和人口統計結果、擁有特殊技能或產出高品質的內容，你能秀出的優勢愈多，你得到聘用和高報酬的機會就愈高。

E 代表互動（engagement）

　　關於某個網紅，品牌會問的第一個問題是：「他有多少人追蹤？」第二個問題是：「他的互動率如何？」它們真正在問的是，在你所有的追蹤者中，

有多少人真的喜歡而且／或者會對你的內容留言？不論是按下愛心、點讚、分享、轉推或花時間留言，這都代表他們願意積極與你的貼文互動且對內容感興趣。每個平台都有自己的系統，但全都代表同樣的意義：互動！

Instagram	YouTube	Facebook	部落格
讚＋留言	我喜歡／不喜歡＋留言	讚＋留言＋分享	留言

以下是判定你與某則貼文互動率的公式：

【讚＋留言】÷追蹤者（發布貼文時）＝互動率

更完整的互動率可以讓你看到某個特定月份的平均按讚數和留言，但是，我通常會用最後十則貼文來算。也有很多網站可以免費幫你計算互動率，如 influencermarketinghub.com。

1.5% 到 2.5% 的互動率就算不錯了，但你的目標應該是要超過 3%。有時候，你的整體互動很重要，但有時我也許需要一份目標更明確的簡要報告。例如，我可能只計算

你Instagram 影片的互動。或者，如果你的主要身分是美妝網紅，同時也發表風格及旅遊類的貼文，我可能只看你美妝貼文的互動，因為那是你的觀眾追蹤你的主因。在其他條件相同的情況下，我總會選擇簽下互動率較高的網紅，因為這表示觀眾真的會回應他的內容並互動。而且，那也是我付錢給他的唯一理由。

A ／ S ／ L

了解你的互動率之後，接下來要知道的數字是觀眾的人口統計資料。最重要的三個是年齡、性別和所在地（age、sex、location，A ／ S ／ L）。有些原則永遠不會變。

1. **年齡**：網紅的年齡並不總會影響觀眾的年齡層。如果，你的內容是歡快、活潑且以 DIY 為主，你的觀眾可能是青少年，即使你已35歲。反過來說，如果你是個20歲的媽媽，寫關於撫養雙胞胎的部落格，你大部分的觀眾很可能都比你大得多。

2. **性別**：穿著往往較為暴露的網紅，通常追蹤者多是異性。如果某個品牌正試圖促銷一款新唇膏，而你所有的追蹤者都是男性，你就不是最佳人選。但如

果某個品牌試著要推銷一款新啤酒，或某種不分性
別但偏男性的產品呢？那你就會是最適合這份工作
的女孩。

3. **所在地**：這一點和辦活動與發表新產品或服務的特
殊場合有關係。我幫一個加州的精品商場辦很多行
銷活動，它們希望這個網紅的觀眾住在自家商場附
近。另一個例子是一個只在特定市場區域販售的產
品。如果你能告訴我，你的觀眾住在其中一個區
域，我就會僱用你。

你如何算出你的人口統計資料？對部落格或你的
YouTube頻道來說，Google分析會是你的好夥伴。找出
你Instagram上人口統計數字的最簡單辦法就是註冊一
個商業帳號。（之前轉換到商業帳號引發很多爭議，因
為Instagram還在發展演算法，很多人的互動率會下降。
現在狀況穩定了，可以安心轉換。）也有一些網站，如
hyprbrands.com，可以讓你免費搜尋一次，抓出更多觀眾
的詳細資料。它們可以提供這些免費服務是因為，當品牌
在整合一個行銷活動所需的工作人員名單時，得要跑好幾
百份這種報告，而它們可以從品牌身上獲利，因此，這絕
對是個你應該利用的工具。有些公司甚至會秀出觀眾的種

族特點和家庭收入這些細項。如果，你要代言精品品牌的話，最後這項就是很有用的數據。你可以向品牌證明，你的觀眾買得起它們的產品。

品牌只喜歡有絕佳技能的網紅

技能很重要，因此，你需要花時間和精力加以鍛鍊。知道如何在攝影師面前擺姿勢、對著鏡頭講話或是走紅毯，這些都是每個成功網紅一定要具備的技能。

你最好上鏡

幫網紅拍攝時最困難的一點就是，你不知道若掌鏡的人不是她們的私人攝影師，她們是否還能演得出來。當然，你男朋友可以整天跟著你，拍下數百張照片，直到你選出喜歡的幾張，但我們在辦行銷活動時，可沒有這種美國時間。我們有時必須在一組照片中拍出十種表情，而且我們也沒有一整天可用，因此，我們需要網紅在每個鏡頭裡都到位。你不必是個職業模特兒，但當房間裡滿是等著要幫你拍照的人時，你必須知道該怎麼表現。以下是一些訣竅：

- **學會接受指令。**很多網紅的攝影師都能拍出上得了檯面的照片，但他們通常不會下指令。在拍攝現場，你需要做的不只是向左轉、向右轉而已。懂得隨著指令大笑，以及能以不同方式重覆同樣的動作，以上兩項是最重要的必備技能。我有次看著 @alexcentomo 走出帳篷 20 次，而她每次都以不同的樣子走出來。不用說，她是我最愛的網紅之一。
- **知道如何銷售產品。**你之所以會參與這個置入性內容的工作是因為，有個廣告主付錢要你幫忙銷售它的產品。如果，那是個手提包的行銷活動，你必須知道如何藉由和它以不同方式互動，賦予這個手提包生命。如果是美妝產品，你得學會如何噘起嘴唇或眨動睫毛，藉以凸顯出唇膏或睫毛膏。
- **有一種招牌表情。**每個模特兒都有一種知名的招牌表情。練習一種真的很讚的表情和姿勢，讓你在緊急時刻可以立刻擺出來。
- **但不要限縮你自己只有那個表情。**有好多網紅在每張照片中都是同樣的表情。那可能在你的 Instagram 上有用，但在專業的拍攝現場不管用。你必須知道如何看起來興高采烈、驚訝、狂喜、欣喜若狂和其他不同程度的快樂表情。那些表情必須看來有所差

異，而不是像藍天使、法拉利、拉提瓜和麥格農[8]，這些幾乎全是一樣的表情——好吧，它們就是一模一樣的表情。

- **拿下飾品**。我曾和一位網紅合作，她不願摘下太陽眼鏡。不行，女士，這可行不通。由於她的鼻子非常凸出，所以把它隱藏起來讓她比較自在。我完全認同任何讓女性覺得更能自在做自己的行為，而且狀況也不是很糟，因為我們大部分的影像都是在白天戶外拍攝的，但要是構想的場景是晚宴呢？她真的要在室內又是晚上的時候戴著她的太陽眼鏡嗎？

- **別汲汲營營在修圖上**。我知道有應用程式可以讓臉變小、讓皮膚變乾淨、眼睛變明亮，嘴唇還可以變豐滿，但修過頭會讓你看起來像另一個人。當然，你的照片會看起來很棒而且始終如一，但當你出現在拍攝現場時，你最不想要發生的事就是，每個人都在想，他們僱用的網紅什麼時候會到。

8　這是電影《名模大間諜》（*Zoolander*）裡，主角德瑞克·祖蘭德（Derek Zoolander）解釋他所有的招牌表情種類，但其實全是嘟嘴皺眉的同樣表情。

燈光，攝影機，開拍

泰妮・帕諾西安、蘇娜・葛絲帕里安和珍・伊姆
（Jenn Im）都是最適合拍行銷廣告影片的網紅之一，
因為她們在鏡頭前的表現都非常優異。她們三個都是
YouTuber，這是巧合嗎？我想不是。就像我在第一章說過
的，就算你是個在Instagram上有很多追蹤者的部落客，你
還是應該要有YouTube頻道。即使是只有1000人追隨的頻

道，也能讓你：（1）在鏡頭前覺得自在，（2）拍攝影片放進部落格裡的行銷活動貼文中，還有（3）讓選角人員對你在鏡頭前的樣子，有些實例可以參考。

但是，不是所有的YouTube經驗都能發揮作用。許多有100萬以上追蹤者的YouTuber，並不是行銷活動的最佳人選。當然，她們會拍影音部落格，但如果你把她們從舒適的自家臥室裡拉出來，她們的整個角色就分崩離析了。拍攝影片很像時裝攝影，你必須知道如何在瞬間不加思索地「開機」。把你自己最好的一面帶進拍攝現場的方法是專注在以下三方面：

- **腳本：**當你在拍一支置入性內容的影片時，廣告主會有一些想要清楚傳達的關鍵要點，但你不該逐字照唸腳本，要不然你會聽起來很像可怕的汽車廣告。練習的方法是上服裝或美妝產品公司的網站，唸出產品的說明，然後再用你自己的話重唸一次。

- **身體語言：**在大部分美妝和頭髮護理產品的影片裡，你會坐在椅子上，看著鏡頭使用產品。你不想看起來很僵硬或緊張不安，但你也不想看起來很懶散。練習的方法是看著鏡子唸句子，加入一些小動作，如揚起眉毛、把頭傾向一側，或在影片開頭及結尾

時揮手,讓你的影片看起來沒那麼無聊,而且很有
互動性。

- **語助詞**:沒有什麼比「嗯」、「就像」和「你知
  道」這些詞更能拖慢影片節奏的了。或許這在你的
  YouTube頻道上可被接受,但如果你要製作置入性影
  片時就不適用。大部分的網路影片長度只有30到60
  秒,你不能用無意義的字眼浪費寶貴的時間。如果你
  有這個壞習慣,練習、練習,再練習。直到你可以針
  對一個主題講60秒且完全沒用上這些字眼時,你就
  準備好了。

我們在直播了

最流行的風潮之一是用網紅來報導活動,然後透過
Facebook直播把活動的報導串流播放出去。要成為個中
高手,你會需要先前列出的所有技巧,還有一些其他的技
術。你一開始可能得先免費幫產品宣傳,讓你可以剪輯成
一捲作品集,之後再開始收費。我們會在第四章談到如何
得到那些工作。但首先,以下是你在報導現場活動時必須
記得的三件事:

1. **自己要先做功課**。你應該上網仔細搜尋資料,為這個重大活動做好準備。如果,你要訪問一位設計師,你不該請他談這系列服裝,因為已經有很多人問過這個問題了。你應該以這個訊息為基礎,然後把它組合成一個較好的問題,如:「你說這個系列的靈感是來自你的繆思女神,名人XYZ。你欣賞她的哪些特質,而那些特質又如何讓設計成形?」這問題好多了。

2. **穿著合宜**。你當然想看起來上鏡,但不要搞得自己渾身不舒服。會讓你腳痛的鞋子,或讓你無法呼吸的洋裝都不適合。那種你必須一直調整的衣服也不行,例如會一直往上跑的裙子或往前滑的襯衫。不舒服會影響到情緒,進而讓你變成糟糕的主持人。

3. **記住,你不是主角**。在看名人與YouTube的合作活動時,常看到這種情形出現。有的網紅了解,她們應該和名人好好互動,帶給觀眾優質內容。但也有網紅認為她們才是名人,表現出百分百的粗魯和不專業。這是被列入黑名單並再也不會受邀和品牌合作的最快方式。

製作能力很重要

目前給出的所有撇步都聚焦在為行銷活動做好準備。但是,當廣告主寄商品給你,並且希望你能針對商品創作內容時,你該如何展現優勢?重點就在於:製作能力。

假設你正為你的部落格創作一份你最愛的淋浴用品綜合報導。你可能在浴室裡拍了一些很棒的照片後就結束工作。但是,如果你是在製作置入性商品的內容,而我剛剛付了你5000美元,要你拍一組我產品的照片並在Instagram上發表,那你最好別在你的浴室裡拍照了事。我相信5000美元可以讓你在當地最好的飯店待一晚、僱用一名會自備燈具的專業攝影師,還有一名美編可以讓廣告主的產品和你的皮膚看起來美呆了。你得到這筆預算,是因為品牌想要你的表現可以更上一層樓,進而製作出一系列照片。

創作出可以直接放上網路或刊登在雜誌上的優異內容,這能力是好網紅和優秀網紅之間的區別,也是讓廠商願意不斷回頭找你的差異之所在。

當活動單位簽下你，首先要表示感謝。現今的網紅多如過江之鯽，謹記你不是池塘裡唯一的一條魚，這才明智。

當你被簽下時，付出比合約上所載明更多些的資源——不管是形象、報價等等，會讓你自己與其他人有所不同。這證明你有彈性、好相處而且盡心盡力付出以確保編輯和品牌有超量的成品可篩選作業，以便有傑出的內容／特輯。

另一個專業的建議？仔細閱讀它們的信件內容，如此你才能根據內容快速回覆。無論你是在洽談的早期階段，或是提出最後的條件，都要確保你以及／或者你經理的回信快速而簡潔。時間就是金錢——真的。

——印迪亞-珠兒・傑克森
（India-Jewel Jackson，@indiajeweljax），
赫斯特雜誌數位媒體內容工作室前風格時尚總監

在創作內容時，最重要的事是位置、位置、位置。如果，品牌要求你穿出一件外套的五種樣子，你也會需要五個極為不同的地點，以確保每種樣子都新鮮且能激起你觀眾的興趣。

在挑選攝影師時，要找那些能在室外自然光下拍照，同時也能在室內拍攝的攝影師。如果，你要展示如何為晚上的約會打扮，你不能**所有**的照片都是在室外拍的，因為，大部分的約會都在室內。我曾給過網紅要在室內拍攝的商品，而回來的照片可怕極了，因為她們的攝影師不知道該如何在室內打光。你的個人動態也許不需要那麼多不同的照片，但就像我說的，創作置入性內容是不同的領域。如果，你的私人攝影師不知道如何在不同環境下拍攝，找個懂的人。

專家撇步

當我接到新的案子，在讀完創意簡報（creative brief）[9]後幾秒鐘內，腦中通常就會跳出五個理想地

9　在廣告公司內部環節中，依據客戶要求、整合各方資源後寫成的工作策略單。

點。讓拍攝計畫成功的關鍵在於事先勘察拍攝地點，並排好拍攝順序以便讓時間得到最大利用。創作美麗影像的最重要因素是光線，在勘察地點時，大部分的人會立刻尋找對的裝飾或空間大小，但他們應該要看的是光線，以及光線打在物體上的樣子。場勘的時間務必和你要進行拍攝的時間範圍相同。光線每分鐘都在變化。

——漢娜・克拉克洪恩（Hannah Kluckhohn，@hkluck），赫斯特雜誌數位媒體內容工作室攝影製作人

還有，別以為你可以漫步走進任何地方，然後就開始狂按快門。通常，你需要得到許可。如果你是在一個小鎮，也許可以僥倖省去這一步；但如果你住在紐約、洛杉磯、邁阿密、芝加哥或其他大城市，你會需要協助。這就是公關人員要出手的時候了。他們的工作是確保客戶——餐廳、飯店等等——得到曝光機會，如果你的動態消息經營得很好，他們可能會想和你合作。畢竟，還有什麼比出現在一個網紅的貼文中更好的免費曝光機會？當然，這個網紅的形象必須和他們負責的品牌契合，所以他們是有選擇權的。公關人員的工作範圍涵蓋每個垂直產業，因此，

你知道的愈多，你愈能接觸到他們所代理的飯店、餐廳、博物館和其他很棒的地方。

網紅洞見

這一行飽和了。過了一段時間之後，100個部落客看起來都一個樣。你的超能力是做自己，藉此來讓自己取得優勢。

—— @thegreylayers

有趣的地點、出色耀眼的互動率和在鏡頭前的優異表現，都是幫助你脫穎而出的工具，但把這些都考慮進去後，知道自己是誰、是什麼讓自己與眾不同，並把這些表現出來，才是真正讓你有優勢的條件。

艾莉莎・波西歐

@effortlyss + effortlyss.com

當我認識艾莉莎時，她的幹勁和專業程度讓我完全驚呆了。她不斷把她的品牌推往更高的境地，而她大學畢業後成為全職網紅，這應該任何人都不會吃驚。她的觀眾崇拜她，湧入她的粉絲見面會，以便親自感受她的正能量。在她的Instagram動態上，你會看到她站在懸崖邊，好拍出完美的照片。她把擁有的一切都給了觀眾，而他們愛死了。

關於成為網紅

我知道自己一直想要做點「不一樣」的事，但我一直不知道是什麼，因為我對許多事物都充滿了

熱情。我一直對網路和社群媒體很感興趣。我是朋友裡面第一個有美國線上（AOL）帳號、email、網路暱稱的人，也是第一個申請Myspace、Facebook等帳號的人。我總是使用不同的平台並進行實驗，而且我喜愛這樣。我不需要說服父母讓我追逐風潮，但他們絕對有在懷疑！他們一直很信任我，但當他們看到我搬出去並能自力更生時，還是蠻吃驚的。

關於從健身轉到生活風格和旅遊

我知道我必須改變整個「方向」，因為我無法滿足於把自己限縮在一個特定的領域，如健身。我喜歡健身，鍛鍊身體很棒，讓我感覺非常好，但我真的不喜歡只貼與健身有關的內容，而且這也讓我更難和與健身無關的品牌合作。因此，我決定轉變，慢慢地加入更多生活風格和旅遊的內容。我很幸運，那些照片的互動參與度很高，我的觀眾似乎很喜歡。大部分的人對於能看到更多高品質內容都表示支持。有些人取消追蹤我，但有更多新觀眾追蹤我！

關於創作高品質的內容

　　高品質的內容由許多不同的要素所組成。我從細心安排我的服裝、髮型和化妝開始。接著，我必須找出一個之前沒有太多人去過的好地方，或者一個風景真的很優美，看來是最佳拍攝地點的地方。我也得砸錢買臺好相機、幾個不同的鏡頭和編輯軟體，讓每張照片看起來獨一無二。我的原創性內容和置入性內容差異不大，無論有無酬勞，我都會盡可能讓所有的照片創意十足。

關於經常旅行

　　我有很多搭飛機可穿的舒適衣物，而且旅行時盡可能補充水分！其實，能一直旅行蠻好的，但有時候難免會影響我的精力和健康。旅行最能啟發我的靈感，總能讓我創作出大量的內容。我會犧牲很多睡眠，熬夜拍照片並編輯所有內容。

關於建立一個正向且互動的社群

　　我以前看到任何負面留言就刪，但如今已經不太有追蹤者會辱罵我。我認為，只要你的品牌愈大，你就會被愈多人仇恨，但我很幸運，可以培養

一群全面支持我的觀眾。我還是會收到惡意訊息，但我現在會完全忽略它們。

我認為，很重要的是呈現真我，並且盡可能和你的觀眾互動，讓他們知道你在乎他們追蹤你。我隨機發訊息給其中很多人，回答他們的問題，而且幾乎所有照片的留言都回覆。我也確保我的內容永遠和我的品牌形象相符，而且，我對合作夥伴**非常挑剔**。我不每天貼廣告是有原因的。那會看起來很俗氣，而且我想要時時忠於自我。粉絲見面會是另一個建立關係並結交新朋友的絕佳方法。我覺得大家都應該辦，即使追蹤人數很少。

關於和另一半工作

我男友也是我的攝影師，但那不是一夜之間做出的決定！我們整整交往了一年，才決定一起投入，邁向這一步。我覺得要和你交往的人一起工作很難，但如果你決定要這麼做，先確定你們兩個看法一致，而且要做商業上的決定時，你們兩個都必須很冷靜。我也認為，把公事和個人問題分開超級重要，所以你得學會如何做到這一步。那可不單單像達到「情侶目標」那麼簡單！

關於女性主導影響力行銷

我認為，如果女性認真努力，她們理應要求酬勞。女性驅動著這個市場，我們建立了強大的品牌，擁有聽從我們的龐大觀眾，而這會為想和我們合作的品牌帶來驚人的投資獲利。我們是數位行銷的新面孔，而且我們有能力影響數以千計的人，那在這個時代是極為寶貴的。

建立數位品牌的過程並不容易，要花費許多功夫、時間和創意。我費盡許多心力才讓自己有今天的地位。我不是一覺醒來就有了100萬追蹤者——這花了七年時間才達成。我經歷過人們對我說了上千次不要、輕視我、品牌不斷否決我和我的工作成果等過程。

我會向想要進這個行業的年輕女孩說，認真思考是什麼會讓她們與其他人不同，並忠於她們的真實性格與內容。現在可以看到很多女孩試圖進入這個世界，而她們全在抄襲彼此的照片並複製東西，這可不會推動一個品牌走得太遠。你必須要凸顯自己，並讓人們知道，為什麼你真的與眾不同！

關於後見之明

我希望當初知道不要聽信於人，認為社群媒體不是份真正的工作！這讓我過度懷疑自己。現在我了解到，只要你努力，任何事都能變成你的正職工作！此外，對學習如何創作內容、編輯、拍攝等過程要有耐心。隨著時間過去，你會掌握要領，做得愈來愈好，就像其他事情一樣。回頭看舊照片，我了解自己在創作內容和培養群眾上進步了多少，而經歷那個學習過程，真的很棒。

媒體
如何讓網站和品牌注意到你？

...

在你開始把自己推銷出去、讓每個人都能看見之前，你必須確定你的數位平台已建置完成。每當你接觸某個人，或者你的名字偶然出現在他們的收件匣裡時，他們會做的第一件事情就是上網搜尋你的資料。誠如我在第一章提過的，你的網站應該出現在關於你的搜尋結果的首頁裡，而你要擁有一流的網站，這點真的很重要。當某人正為某個行銷活動找人時，他們能透過你網站裡的頁面，找到所有讓他們想僱用你的資料。只要三個網頁，就可能讓你得到工作或與工作失之交臂。

那麼，介紹一下你自己

你一定要有「關於我」和「合作夥伴」這兩個頁面，它們很關鍵。在這些頁面裡，我要你告訴我，所有我可能想要知道、關於你的一切。而且，我指的是每一件事。這是我真的收過的徵才信：

> 我們在找一位來自紐約，但現在住在洛杉磯的女性音樂家。最理想情況是，她養了隻狗而且吃素。

寫得很詳細，是吧？現在對照一下，典型的自傳看起來像這樣：

> 網紅XYZ喜愛時尚、狗和紅酒。她一開始把寫部落格當作嗜好，之後轉為全職工作。她希望每個人都了解自己很美，而且以有限的預算就能很有型。

呃，這裡來個掩面的表情符號。她可能正是我在找的理想人選，但也有可能是完全不適合這個行銷活動的人。我再多查看了一下她的網站，看到她有個「合作夥伴」頁面，因此我點進去看了。那裡只有一堆她以前合作過的公

司標誌。唉。所以，我還是不知道她到底合不合適。理想狀況下，網站應該長這樣：

「關於我」頁面

- **臉部的高解析度漂亮照片。** 正如第二章所述，當我向各公司極力推薦網紅時，我幾乎都得做一份投影片簡報，所以我會需要一張你的照片。在你網站上一張友善、看起來專業的大頭照，會比你隨意貼在 Instagram 上的自拍照效果好得多。

- **給偶然進到你的部落格、想知道你在做什麼的潛在讀者幾行話。** 這讓我知道，你想要吸引的是哪一類的觀眾。內容可能是：「嗨，各位！歡迎來到我的部落格。如果，你想要有凱莉・布雷蕭（Carrie Bradshaw）[10] 的衣櫥，但你超窮，這就是你該來的網站。我們會談到如何以少少預算穿出最新潮的樣子，以及如何在網路上找到賣得最好和最划算的衣服。」從這裡面，我可以推測出你的觀眾年齡層較輕，喜愛《慾望城市》（*Sex and the City*）影集和曼哈頓，而

---

10 她是 1998 年美國影集《慾望城市》裡的四位女主角之一，是位專欄作家，住在曼哈頓，愛鞋成痴。

且想以超級低的預算打扮得很時髦。那表示，我很可能不會選你代言天價錢包，但我會選你參加一家大百貨公司的年中慶拍賣活動。

- **一支你 YouTube 頻道的影片，很可能是你的預告片。** 這讓我不用點擊跳轉到你的 YouTube 檔案，就能看到你在鏡頭上的模樣。如果你沒有預告片，挑選你最喜歡、能表現你真正性格的影片；如果你還在打造你的 YouTube 頻道，就上傳一支自介影片，說出你的名字、你的網站屬性、我們可以去哪裡看到更多你的作品。影片要順暢，但不必精心編輯，這只是用來讓我聽到你的聲音，看到你的個性而已。@thegreylayers 這個例子完美說明了這一點為什麼必要。她的照片都很像新聞報導式的照片，帶著高傲的態度，但當我見到她，她超級活潑而且很務實。可真是多才多藝！這完全為她開啟了各種可能性，因為我知道，如果是要拍行銷影片，我們可以拍各種有趣的美妝教學，而她仍是合適人選。

- **三到五篇你最喜歡的 Instagram 貼文。** 這讓我了解，你覺得你最好的內容是什麼。務必要把這些嵌進網站裡，就像把你的 YouTube 預告片嵌進來一樣。我不想還得點選才能進入你的 Instagram 頁面。標出你涉及

的領域，並包含不同類別與風格的貼文：生活風格、美妝、旅遊、平鋪式構圖等等。

現在，我認識了你呈現給觀眾的角色，而且，至少從表面上可以判斷追蹤你的是哪一種人。下一個需要費時製作的頁面是「合作夥伴」。

「合作夥伴」頁面

「合作夥伴」頁面上的內容，有些會和「關於我」頁面的內容重覆。那沒關係，因為你永遠不會知道，選角人員會瀏覽哪個網頁。他也許會直接進入「合作夥伴」頁面，看你是否適合他的行銷活動，然後才會去進一步查詢你的資料。別讓他必須把你的「合作夥伴」頁面看完後，**還得**去看「關於我」頁面。這些應該全都放在一個地方，而且看起來就像是一份求職信／履歷表：

- **不同的臉部高解析度照片。**見前面所述。
- **姓名，你的工作，以及三件形容你的事物。**網紅 XYZ 是個風格部落客，喜愛狗、紅酒和買得起的衣服。
- **你是哪裡人，現在住在哪裡。**出生於佛羅里達州邁阿密，於紐澤西的羅格斯大學（Rutgers University）就

讀。衝啊，紅騎士！（Go Knights!）[11]取得經濟學士學位後搬到紐約市。在過了好多個寒冷的冬天後，她前往西部，現在以洛杉磯為家。

- **你的工作經歷。**XYZ曾在幾家時尚品牌的財務部門任職，但她對花樣與布料的興趣一直大於試算表和圓餅圖。2015年，她斷然全心投入經營部落格，而且再也沒有回頭。

- **我們可能不知道的事情。**XYZ閒暇時喜歡到跳蚤市場和eBay上尋找寶石，而且每次去全屋大拍賣（estate sale）[12]從未敗興而歸。她也每週上三次空手道、柔術和以色列格鬥課。她不算厲害，但每次上完課都覺得自己是個狠角色。當她不逛街或運動時，她和XYZ慈善團體合作，提供時尚服飾給想再度自力更生的女性參加工作面試時穿。

- **任何其他事。**你通常會看到XYZ和她的男朋友克里斯、她最好的朋友梅瑞迪斯或她的狗蘿西混在一起。

---

11 羅格斯大學的球隊吉祥物為 Scarlet Knights。

12 美國常見的出清活動，意指開放讓人進入屋內參觀選購，有標價格的物品皆能購買。

我不知道你覺得如何，但這是我看過最棒的自傳。我知道她的名字、她最喜歡的三樣東西、她以前和現在的住處、她去哪裡求學、她以前的工作、她非常愛逛街和運動、她做慈善工作，還有她有男朋友、好閨蜜和一隻狗。我剛想到七個XYZ會是最佳人選的行銷活動，而她甚至並不存在。她完美嗎？嗯，是的，因為她是虛構人物，但你應該努力像她一樣全方位多才多藝。

在你的「合作夥伴」頁面上，你還應該列出你有興趣／曾參與過的合作活動類型和計畫。它可能看起來像這樣：

網紅 XYZ 可承接下列計畫的合作案：

- 代言大使
- 置入性部落格文章、影音部落格和社群媒體貼文
- Facebook 直播影片
- 活動與粉絲見面會
- 照片與影片拍攝
- 其他有助於介紹你的品牌故事給我互動性高的觀眾的計畫

所有的創作內容都至少會用一篇 Instagram 限時動態、單一貼文或相簿來宣傳。費用會依照工作範圍、用途和獨家使用而有不同，但不管哪種預算額度，都請和

我聯絡。我很樂意進一步了解你的目標，然後找出預算之內的合作方式。與我聯絡：名 @ 部落格名 .com。

這裡**不該**放進你曾參與行銷活動的所有公司大標誌，因為它們的競爭對手可能會看到，就不會找你了。我們在第二章學過這一課了，在這裡也適用。你**可以**做的是開一個類別，把所有你的置入性貼文和其連結放進去。這樣做的話，品牌可以自行蒐集情報，也避免讓你自己被退出比賽。

「聯絡資訊」頁面

如果，你的「合作夥伴」頁面內容真的很豐富，那你的「聯絡資訊」頁面就不一定要寫很多。可以很簡單，像是：

關於品牌合作邀約，請寄：
名 @ 部落格名 .com。
公關人員、媒體工作者或部落格讀者欲聯繫，請寄：
info@ 部落格名 .com。

你可以把這個範本做任何變動來使用，效果幾乎一樣。你不該只架好聯絡表單（contact form），此外卻什麼也沒說。在和網紅聯絡時，我經常花很多時間和精力寫

信，而且常常想要加上附件，這樣對方才會比較知道我在說什麼。當我看到聯絡表單時，我會想放棄，因為我那些美麗的格式都不見了，還無法附加任何東西進去。而且，如果因為某種原因，你沒有回覆而我想後續追蹤，我得再填一次表單。為什麼要把我付錢給你這件事搞得這麼困難？

唯一比聯絡表單更糟的是完全沒有聯絡資料。數不清多少次，我查看網紅的部落格，卻遍尋不著她的聯絡資料。或者，我找到email，信件卻被退回。幫幫我，也幫幫你自己！

現在既然你的數位平台已就緒，該讓大家注意到你了。

部落客綜合名單

我確信你在網路上看過這類綜合名單：「十個你必須追蹤的設計類Instagram」，或是「紐約最有型的25個部落客」或「如果你想看英語和西班牙語影片，追蹤這12個YouTuber」。你也許認為要登上那些名單很難，但其實不然。你只需要上網站，找到一篇這種名單。看看是誰寫的，然後和他們聯絡。如果，他們有email，你可以寄個簡短的信給他們，內容像這樣：

嗨，作者：

　　謝謝你整理了在（你看到名單的網站）上的名單。我真的很喜歡你列進去的網紅XYZ，也開始追蹤她尋找靈感。

　　我是XYZ，是個來自XYZ市的（美妝、時尚、旅遊、生活風格、健身等）部落客／影音部落客。我的追蹤者最近達到（2萬5000人／5萬人／10萬人），想簡單寄個信給你，假如你正在寫新名單，也許我會是個合適的人選。如果你需要更多資料，我很樂意寄我的新聞資料袋或單張新聞稿給你。你也可以上我的部落格、YouTube和Instagram瀏覽。

　　　　　　　　　　　非常感謝你花時間看我的信。

　　　　　　　　　　　　　　　　　　　　網紅

　　我不能保證你以後會登上某份名單，但如果這樣都無法帶給你一絲機會，我不知道還有什麼法子可行。如果，你找不到那個人的email，儘管追蹤他的Instagram。如果，你直覺這樣可行，把這封信稍加修改，然後直接私訊他。聽起來有點像跟蹤狂，但如果你很有禮貌而且你的內容不錯，他應該不會介意。人們一天到晚這樣發訊息給我，我要嘛也追蹤他們，或是把他們加入我的資料庫，這

樣才不會忘記他們是誰。

　　一個絕對能讓你登上部落客綜合名單的方法是自己寫一份。聽起來很瘋狂，但不少人是因為用了這個策略才讓我發現的。創作一篇名為「十個你應該追蹤的休士頓時尚風格部落客」的部落格貼文，找九個你認為人們應該追蹤的帳號，然後每個人寫個簡介加上一些照片和連結，這沒什麼好丟臉的。在這過程中，你會交到一些朋友，而當我搜尋「休士頓的時尚風格部落客」時，你的網站很可能會跳出來。給你一個建議，把自己放在第一位。我知道有些部落客覺得不應該這樣，因為那會讓他們看起來很自以為是，但有時候，我在看完名單之前就可以找到人選，或者我搜尋到一半就找到了。如果你一直把自己放在最下面，而我從來沒有找到你，那有多令人傷心啊。

公關郵寄名單　　　　　　　　　　　　

　　早在網紅創作內容可以得到天價酬勞之前，他們願意創作內容以換取免費商品、服務和貴賓特權。如今，既然差不多每個人和他們的媽媽在任何網站上貼文前都要求付費，你可以藉由免費貼文變成公關人員一輩子的好朋友……目前啦。

大部分的公關公司都是月費制，公關人員的工作之一就是必須確保客戶的業配文有露出機會。當然，客戶都希望能在所有的大報、雜誌和網站上出現，但較小的公司也會非常樂於出現在你的網站上。如果，你的觀眾是它們的目標族群，而你的內容看起來又蠻好的，你應該幫自己找合作夥伴。

我確信，你一直被Facebook和Instagram上新產品與新服務的廣告轟炸。嗯，這些品牌就是你的潛在合作夥伴。如果，你看到一個喜歡的品牌，直接上它的網站找「媒體聯繫」的頁面，通常在最下面。在那個網頁上，你會看到新聞稿、高解析影像，還有，看吧——公關人員的email。你可以寄個像這樣的簡短信件過去：

親愛的公關人員：

　　我是XYZ，是經營「部落格名稱.com」還有@instagram名的部落客。

　　我最近在Facebook上看到XYZ產品的廣告，在搜尋了一些資料之後，我發現這完全就是我會因為XYZ原因而購買的產品。

　　我的追蹤人數最近達到（2萬5000人／5萬人／10萬人），每月網頁點閱數為XK，希望與你聯絡

討論合作的可能。拿到公關品之後，我會依此寫一篇250到500字的貼文附上客製化照片，並在我的Instagram上宣傳部落格貼文作為交換。我認為，這項產品會讓我的化妝包更為豐富，也是我的觀眾會樂於了解的產品。

如果可能的話，我也很希望能得到一句創辦人的話，讓我的貼文呈現出個人風格。如果，你對合作一事有興趣，我很樂意寄我的新聞資料袋或單張新聞稿給你。若你需要更多我的資料，可以上我的部落格、YouTube 和 Instagram。

非常感謝你花時間看我的信。

網紅

多好的一封信，不僅只因為是我寫的，也因為它包含了所有的基本要素：

1. **你介紹了自己，告訴品牌你如何得知它們，還有，你為什麼喜歡它們的產品。**對了，很重要的是，不要使用這個技巧上傳你並非真心喜歡的免費東西。公關人員痛恨那樣，你的觀眾也會討厭這樣。你讀過本書的第一部，所以你應該知道不要這麼做，但我就是得在

這裡重申一次，以確保我沒有遺漏。

2. **你提供自己的統計數據和提案。**這讓他們知道，你了解合作關係是雙向的，而你提出了自己能貢獻什麼。你也讓他們知道你很誠實但有前途，而且要求引用一句話會讓貼文具有個人風格，因而和你的觀眾真正產生共鳴。

3. **你指引他們看你的作品並打開後續機會的大門。**你讓他們知道你很樂意後續提供更多資訊，並把主動權交回他們手上，讓他們在回覆之前先了解你的狀況。

如果，你在一星期之內沒有得到回覆，你可以寄封後續追蹤信。如果，還是沒有回音，那是他們的損失，你可以去找會喜愛和你合作的人！

品牌與選角經紀人

一旦你成為一或二份綜合名單的要角並且得到一些公關合作的機會後，就該進軍大聯盟了：直接找品牌和選角經紀人。這可能看起來是個重大任務，但再說一次，如果你的內容很好，而且以小心謹慎的態度與他們接洽，他們會很樂意接到你的來信。

在你寄信之前，你得確定你找到對的聯絡窗口，此時，領英就是你必訪的網站。你應該搜尋職銜中有「網紅」或「人才夥伴」的人。務必要看他們的介紹，你才不會接觸到人資部的人，因為他們需要的是不同的人才。另一個找到關鍵人士的方法是徹底搜索像 digiday.com 和 adage.com 這類數位媒體網站，看看他們在關於網紅的文章中引用誰的話。這些通常就是你想要聯繫的人。如果，你找不到影響力行銷部門負責人的 email，有時對該品牌的 Facebook 或 Instagram 帳號發個訊息也能奏效。我真的曾因為有位居家裝潢部落客給某個品牌發了 Facebook 訊息，而簽下她進行居家大改造。當她發訊息給我們時，我們剛好在尋找住在她那一區的部落客。正因她不怕對外與人接觸，而得到了免費服務與收入。

　　一旦你找到他們，你會想要發個像先前提過的媒體與公關信混合體的訊息。內容應該看起來像下面這樣：

親愛的選角經紀人：

　　我是 XYZ，是來自 XYZ 市的（風格、美妝、健身、旅遊、生活風格等）的部落客。我的追蹤人數最近達到（2 萬 5000 人／ 5 萬人／ 10 萬人），我想要簡單寄個信給你，也許你們正在規劃適合我參與的下個行銷

活動。

　　我是你們的（產品／服務／網站）的大粉絲，因為XYZ的原因，相信我的讀者會非常高興我能夠與你們合作。

　　如果，你對合作一事有興趣，我很樂意寄我的新聞資料袋或單張新聞稿給你。若你需要更多我的資料，可以上我的部落格、YouTube和Instagram。

　　　　　　　　　　非常感謝你花時間看我的信。

　　　　　　　　　　　　　　　　　　　網紅

　　簡短、親切而且切中要點。這樣的信很適合直接寄給品牌，因為它們喜愛與原本就有在使用它們產品的人合作。我喜歡收到這樣的email，因為它們幫助我和我也許從未發現的人建立關係。每個行銷活動都很不一樣，我也許要花幾個月的時間才能找到合適的人事物，但現在他們自己出現在我的雷達上引起了我的注意——任務完成。

什麼是新聞資料袋，
單張新聞稿又是什麼？

　　噢，你以為我會不告訴你答案，吊你胃口嗎？當然不會。新聞資料袋就是把你的「關於我」、「合作夥伴」和「聯絡資訊」頁面整合成一份漂亮的 PDF 檔案。我把收到的每一份新聞資料袋都存下來，因為我可以在裡面搜尋像是「音樂家」和「素食者」這樣的關鍵字。在我寫這一段時，我收到一封信，要找一個最近改吃蔬食的網紅。在新聞資料袋裡提到這一點的女孩……得到了工作。單張新聞稿則是把你新聞資料袋中所有重要事項整理成──你懂的──一頁。

　　如果，你沒有高手級的設計能力，那我建議你找個人幫你做出這些文件。你最不希望發生的事就是，你終於說服某個人來要你的新聞資料袋或單張新聞稿，結果卻因為你寄給它們的文件太醜而遭到否決。噢，還有，絕對絕對絕對不要在你的新聞資料袋裡列出價格。為什麼要把自己永遠限縮在一份文件裡？別這麼做。

———————

　　這些小撇步應該有助你包裝自己的品牌，不過，說到底，把網紅打造成一個品牌和把員工打造成一個品牌非常

類似。在職場和生活中最重要的守則就是：**和善待人**。如果，你對人和善，幾乎所有的事都能被原諒。對人和善的網紅，會有更多錢神奇地找上門。和善待人也比你有多少追蹤者重要。一直都是如此，以後也會是這樣。

◎ 網紅洞見

我能給你的最好建議，就是我在美國剛起步時所得到的一句話：「少說話，多做事，善待他人。」就內容創作而言，這句話可以翻譯成：

- 別到處說你的計畫和點子，不然有人會搶在你之前把它們做出來。今天的影響力市場非常競爭。我希望我不用以高昂的代價學會這條守則。
- 隨時準備好賣力工作，但頭幾年也要做好拿不到太多酬勞的心理建設。別急，只是時候未到。把也許拿不到酬勞的工作當作像有極高報酬的工作看待。畢竟，你創作的內容就是你的名聲。
- 永遠都要善待他人。有時候，你得一起合作的人就是……不太和善。我想在這裡用別的字眼，不

過，我們就維持普級吧。但是，你要保持冷靜。找個你信任的人訴苦，然後以微笑讓情況緩和下來。這在任何一行都很重要，在影響力行銷上更是如此。

談到內容創作，至今我最後悔的事之一就是沒有相信自己的直覺，反而過於聽信別人在如何成功一事上隨意給的建議。把建議都看過，但用你的腦判斷，而且最後要相信你的直覺。

別害怕找幫手！如果，你的靈感枯竭，把酬勞分出去尋求幫忙。這會值回票價的！

—— @livingnotes

喬伊・趙

@ohjoy+ohjoy.com

...

　　談及建立起一個帝國的網路網紅，勢必會提到喬伊。很早就開始使用Pinterest的喬伊有超過1200萬名追蹤者，有多項商品在目標百貨（Target）販售，還寫了三本書。她白手起家打造出自己的品牌，現在有好幾個員工，而且每個在DIY界的人都知道她的名字。你看過她的作品嗎？就算在我狀態最好的時候，我也做不出像那樣的東西！

關於 Pinterest vs. Instagram

　　就追蹤者數量而言，Pinterest是我的主要平台，但你必須以不同的角度來看每個平台，因為重

點不只在於人數，互動也超級重要。我是很早就開始使用Pinterest的用戶之一，我的部落格讀者立刻跟著我到了Pinterest。網路上也有很多關於我的正面報導，人們把我列為Pinterest上該追蹤的人。因此，那裡成長得很快。我還是很愛Pinterest，每天都用，當作我的商業工具並擴展我的部落格內容。近來，Instagram也已變成我分享以及與觀眾接觸的必訪平台。那是個很棒的社群，追蹤者可以透過訊息和留言對外發聲，而且真的能和我及「Oh Joy!」這個品牌連結。

關於創作高品質的內容

內容創作的重點在於分享你真心喜愛並覺得真實不虛假的想法。你大可毫不費力地看看其他成功的品牌或部落客在做什麼，然後模仿它們的照片或內容放在你的平台上，但是，焦點應該要放在讓你成為「你」的東西是什麼，以及你可以創作出什麼，讓你的聲音和故事感覺和他人不同又特別。

對我來說，「自發創作」的內容和「置入性」內容的差異不大。所有出現在我平台上的內容都要符合我的美學：明亮的色彩、與眾不同的想法，還

有，最重要的是希望能把歡樂帶進大家的生活中。是的，當你和品牌合作，品牌會有一些必須依循的要求，但你也必須找出那些事情的真意，同時確保你仍可以在那些要求下，用自己的話來說故事。如果不行，麻煩把機會讓給別人。

關於無償工作

如果，你的品牌或平台才剛起步，你還在努力培養觀眾或機會，那我一定會建議你無償工作（或是為了曝光）。我們都必須有個起跑點。在我的事業剛起步時，我為了要努力增加作品好讓大家知道我的能力，我做了很多無償（或廉價）的案子。一旦你做出了成績，你就可以有更多選擇，而且在費用上不再讓步。

關於假定你有了自己的事業後，
就可以有更多時間陪孩子

這個假設的諷刺之處就在於，自己創業（並維持營運）需要投入比朝九晚五的工作更多的時間。是的，你可以有更多彈性，因為你的時間由你作主，但你不會得到更多時間。時間只是以不同的方

式消失掉。

　　當你真的試圖「在家工作」同時照顧小孩，你就會發現這幾乎是不可能的事。我認識的所有經營自己事業的媽媽，一星期全都有好幾個晚上要工作到很晚。我能夠在下午四點前結束工作，所以我可以去接小孩放學，但那也表示，在他們上床睡覺後的大多數夜晚，我會再工作幾個小時。是的，你要休假可以不用詢問「老闆」，但在度假時，你很可能要查看email並做某些維持營運的工作，因為當你在經營自己的事業時，很難完全拋開工作。

　　如果，我是在當了媽媽之後才創業，我應該會更早就知道要拒絕不值得我花時間或金錢去做的事。等你為人母，你的時間更為寶貴，你會權衡要離開你的孩子去做某件事是否值得。那種能力在事業上也對我很有幫助。

關於讓你的孩子出現在你的網路作品裡

　　的確，你有時可以在社群媒體上看到我的家人，但這幾年來，情形已改變很多。在我的部落格是我唯一的網路媒體平台、而且「Oh Joy!」社群還比較小的時候，我的部落格感覺較為私人，我分享很多

我的讀者可以有共鳴的日常家庭時光。但隨著我的孩子日漸長大，我決定減少他們露臉的次數。你偶爾會看到他們出現在我的Instagram貼文和Instagram限時動態上，但他們幾乎不會出現在部落格裡。

對我來說，我分享個人時光的用意在於，增加一些人們可以有共鳴或在某方面對他們個人有幫助的歡樂、啟發、祕訣或想法。把孩子放進來（或不放進來）的做法，會隨著他們年紀漸長而持續變化。最重要的是，我確定我所分享的內容是我和家人都覺得自在的。每個家庭或情況都不同，沒有什麼正確的做法。你必須做你覺得合理有意義的事情。如果，你真的決定要在社群媒體晒小孩，我有幾個建議：

- 不要露出你家或你小孩學校的外觀。
- 不要詳述你何時單獨在家或你的伴侶何時不在家。
- 不要即時貼出你所在的地點或你正在做的事情。你可以先存下來，晚點再貼文。
- 尊重你的孩子還有他們的時間。絕對不要強迫他們為社群媒體拍照。如果他們夠大了，也要先徵求他們的同意。

關於為你的熱情籌措資金

　　我的整個事業是我獨資建立的。沒有投資人，沒有向家人借錢等等。因為，我是以自由設計師的身分創業，並沒有先期投資資金。我已經有電腦和印表機，我真正需要的就是這些。我逐漸累積客戶和工作，但其實大部分賺來的錢都用來付帳單了。因此，當我2007年決定開始生產文具時，我的戶頭裡並沒有任何多餘的閒錢，我是用信用卡借來生產我首批文具的資金。之後我再把從這裡賺來的錢，投入下一批產品。累積卡債並不是完美做法，但那是我在當時唯一能做生意的方式。

　　雖然，如果你可以辦到的話，我會建議你在創業之前要有存款，但我仍不會改變當初的做法，因為我要花好幾年才能存夠錢開始創業，而時機和結果都會大為不同。那個文具系列我只持續做了幾年，因為它把我的財務資源都榨乾了，而我不喜歡過那種生活。現在，我們創造的任何產品都會先經授權後再生產，因此也就沒有預付成本的問題，這也讓我得以專注在比較有趣的產品設計上。

關於僱用團隊

　　我的事業從2005年我自己在家工作開始。起初幾年，我有個實習生，之後則和一些外部的自由工作者合作了幾年。直到2014年，我才請了第一批員工，和我一起在家外的辦公室工作。我花了八年才放心放手一搏並冒著財務風險僱人。我從一小步開始，先是一個兼職員工，然後增加另一個人，然後再一個，再來那些兼職員工在一年內成了全職員工。之後，我每年增加一個或二個新團隊成員。每個人都有他們自己的特定角色，從設計到造型到手作到社群媒體到新事業。我每天都以某種方式親自和他們一起工作，並監督「Oh Joy!」的事業和創意方向！

關於進入下個階段

　　2004年，我在Cynthia Rowley當設計師，當我在目標百貨看到某個女孩，渴望要有一套我為Swell系列所設計的睡衣後，我立下目標，總有一天要讓我自己的產品能夠進軍目標百貨。我並不確切知道要如何達到那個目標，但我發展我的事業與代表作品的重點都是朝那個目標邁進。當然，你永遠不會知道真實人

生會怎麼發展。但十年後，那個夢想實現了，我們的第一個服飾系列在2014年進軍目標百貨。

雖然，不是你列入目標清單的每一件事都會有結果，我仍衷心相信，如果你非常想要某個東西，而且努力去做，你就可以實現你的目標。你所做的每一件事——你所有的努力，所有的學習——都在為達到那個目標做準備。在我事業的早期，我和Anthropologie和Urban Outfitters這些品牌接觸，幫它們做設計，把能代表我風格的作品集結成冊，然後讓人們看見我能做什麼。

任何有類似目標的人，我最大的建議是不斷讓自己受到注意，然後展示你想完成的作品（即使還沒有人僱用你去做）。最大的誤解就是認為這些事情是從天而降自己落在我頭上的，但那不是事實。我做過的較大案子有九成是我主動接觸，並向品牌極力推銷我的作品和想法而得來的。

關於女性主導影響力行銷

我喜歡女性擁有社群媒體空間，並有能力創作內容且靠它謀生這件事。我們都有故事和觀點，而且我們活在一個，如果我們願意，我們是有平台可

以和世界分享看法的時代。

　　沒有人真的過著一種「隨時準備上 Instagram」的生活，該擺脫這種假想了。如果，你的事業是建立在社群媒體上，那麼你記錄事情的方式，一定和不用社群媒體的人不一樣。但有件事我們都該謹記在心，在社群媒體上分享的事物，只是我們生活中非常小的一部分。

　　我覺得，會定期在社群媒體上分享的人，大部分都很清楚在合理的情況下，要切換那個開關。所以，我才喜歡像 Instagram 限時動態這樣的功能，那給我們一個比較真實的窗口，看到人們的生活。它比較不完美，比較沒有經過編排，而人們可以跳出那張完美的漂亮照片之外，和你有所連結。

　　我給想要創作內容的年輕女性的建議是：

- **要做研究。** 由於現在有那麼多部落客和網紅，重點在於確認你做的是不一樣的東西，而且和已經有的東西不是太像（在主題和美學上都是）。你也許看到其他人靠某種風格或觀點而成功，但不要模仿他們，要用它來當作你發展出自己的方式以達成目標的燃料。

- **要真實**。貼文內容是你真心喜愛，而且每天都會熱衷分享的東西。
- **別有壓力**。在這一行，很容易就會開始擔心要如何贏得讀者，或試圖增加觀眾或「數字」。但如果你有創意、真誠，而且做的和別人不一樣，人們會買單的。

關於後見之明

過程、考驗、艱苦──種種一切讓這個經歷更甜美，回報更豐富。我應該不會想要改變任何創業之初的做法，或避掉一些棘手的時刻，因為，正是這些造就了我如今這個女人、妻子、母親和企業主的模樣。經驗（好的和不好的）是成功的必要條件，所以，我不想逃避它。

儘管社群媒體絕對是現今事業成功的關鍵，但最重要的是──**做你自己**。因為，社群媒體讓我們看到那麼多（也許，有時太多了點）別人在做的事情，它也讓我們比以往更常與他人比較。因此，要忠於自己──你的風格、你的觀點，還有你的信念。

PART

從你的影響力獲利

35,624 位追蹤

財富

你的身價有多少，如何獲得？

⋯

恭喜！在創作出令人驚豔的內容、並讓你的名聲傳出去後，有人發現了你，想在一個行銷活動上找你合作。他們速速登上你的Instagram，很快找到你的email（感謝第二章），然後先提出一個方案給你，看你有沒有興趣、有沒有空還有是否符合你的預算。我曾寄過的此類信件內容如下：

嗨，網紅：

我要提供一個很好的機會給你。我正在籌辦XYZ行銷活動，我們很樂意出錢讓你在ABC日期搭機來紐約。

我們希望你接下一日拍攝工作，並發表一篇
Instagram 貼文。就上述工作，我們的預算是 $$$$。請
告訴我，你是否對這工作有興趣，還有是否有空檔。

謝謝。

選角經紀人

這也許聽起來很像國民
生活須知入門，但當有人寄
email 給你時，有禮貌的做法
是要回信。除非那是連鎖信
（chain mail），那麼請儘管
把那封電郵直接移到垃圾桶
去，因為才沒有人有空回那
種信。然而，那些被我寄出

專家撇步

網紅最常犯但可以輕易
避免的錯，就是不回 email。
——貝卡·亞歷珊德（Beca
Alexander，@becaalexander），網紅
經紀公司 Socialyte 總裁暨創辦人

去但沒收到回信的 email 數量，我跟你說，**多得嚇人**。這
些 email 可都含著**金子**，貨真價實的美元。可不是什麼某
某國的王子，答應在你把社會安全碼傳簡訊告訴他之後，
會匯給你的錢。

我是不知道你怎麼想，但我肯定不會拒絕為 5000 美
元工作八小時和發一篇 Instagram 貼文。然而，這種情況
一直出現。5000 美元這金額嚇到你了嗎？現在，把那個

金額換成2萬5000美元。再換成5萬美元。管它的，我們瘋狂點，換成10萬美元好了。這些女孩的收件匣裡，躺著比某些人一整年能看到都要多的錢，然而，看看她們，忙著幫可頌麵包擺盤而沒有時間回覆一封簡單的email。

即使你在旅途中或因其他原因不方便，也沒有藉口不回信。現在已經是科技時代了。你不需要對著電話大喊你要訂的餐、叫計程車，或排隊買日用品。這些事，你全都可以靠一個應用程式搞定。因此，我覺得有點難以相信，這些女孩沒辦開啟自動回覆人不在辦公室的功能：「嗨，謝謝你寄信來。我目前正在旅途中，但會儘快回覆你的訊息。如果這個機會具時效性，請把你的email轉寄到urgent@部落格名稱.com或打電話／傳簡訊到09XX-XXX-XXX。」就這麼簡單，但還是……。

👎 別當那女孩

每回當我寄出一封提案信，而那位網紅沒有回覆時，總是讓我有點傷心。並不是因為她錯失了良機，我是說，她肯定錯失了，但這是商業，生意得繼續做下去。我會有點心碎是因為，每一次，毫不例外地，

她會在過了期限三天之後回信，抓狂地問我，機會還在嗎。我真的很想寄個迷因給她，上面畫著唐老鴨的有錢舅舅史高治跳進錢堆裡，寫著：「這有可能是你，但你在玩樂。」不過，我很善良，所以，我只會用下面這封信回覆她那封驚恐的郵件：

嗨！

　　非常感謝你的回覆。很遺憾，我們已經挑選了一位網紅參加這次行銷活動，但我們未來的活動一定會記得找你。

　　　　　　　　　　　　　　　　　　布莉塔妮

　　如果，我們百分之百誠實——而我們的確是——我很可能永遠不會再把她推薦給廠商了。有時候，我必須在48小時之內找到並簽下一位網紅，我肯定沒有時間等那些要好幾天才回信的人。這狀況告訴我，這工作只是她們的嗜好而已。如果我要找個業餘愛好者，我大可以去手工藝品店。我們是來這裡工作的，各位。

好，所以當你收到一封提供你參加行銷活動機會的信，你絕對要回覆，因為我剛剛才解釋過，如果不回信會有什麼後果。信裡會有個明確的預算金額，要怎麼知道那金額合不合理？現在，該來談錢了。你必須了解自己的工作值多少，還有，你應該開價多少。這其實是當網紅最困難的部分之一。要求太高的費用，你就冒著因漫天開價而讓自己出局的風險。太低，你就是在賤賣自己，人們可能會質疑你的價值。無論開高或開低，都可能讓你表現得像個新手，而容易被占便宜。如果，你可以拿到高額費用是因為你的內容就是那麼專業，那很好，但要實際點而且要有耐心。也許要花些時間才能找到你的最佳策略，但一旦找到，你就踏上成為全職網紅之路了。

五個費用要素

如果你遵循第二章提過的 70 ／ 30法則，在置入性內容上，你的談判空間就有限。但如果你決定接下某個廠商贊助的活動專案，你就必須算出你的參與應該值得品牌付出多少。

現在，你可能會說：「布莉塔妮，如果，我最愛的品牌想要和我合作，我願意免費參與。我甚至會提議付錢給

它們。」如果你對某個行銷活動著迷到,就算它們不付你酬勞也要參加,那很棒!但是,要創作上等的置入性內容需要錢,因此,你還是需要一筆預算來運用。

你或許也會說:「布莉塔妮,我不喜歡談錢。」而你並非特例。大部分的人,尤其是女人,都很害怕談判。因此,弄明白自己的價值,並對那個數字懷抱自信才那麼重要。它會在談判時幫助你堅定立場,並且讓你明白,當一個行銷活動不值得你付出時間/努力時,你應該直接放手。也許有好幾次,你可能因為想和品牌各退一步而降價,但別忘了,服裝、旅行和美妝產品無法拿來付你的房租或學生貸款。

等你算出數額後,談判就沒那麼嚇人了。無論是一篇部落格文章、Instagram 貼文或 YouTube 影片,收費的公式很簡單:

發行費 + 人才費 = 你應該開的價

讓我們從弄懂你的發行費(distribution fee)和人才費(talent fee)的不同開始談起。

你的發行費是要在你的頻道/部落格上刊登內容的所需費用。記得,這個價錢會因為五個因素而有很大的變化:

1. **追蹤人數**。就是你有多少追蹤者。

2. **互動率**。在你所有的追蹤者中，有多少百分比的人在過去這個月對你的內容按讚／留言？你怎麼知道你辦到了？當你置入性內容貼文的互動率，和你自己創作的內容一樣高，甚至更高時。如果，你的情況是這樣，就像 @effortlyss 一樣，站在山頂上大聲歡呼吧。這告訴我，你善用品牌付給你的錢，把它投資在製作品質上（亦即，租用一個特別的空間當背景，僱用專業的攝影師等等），以確保內容達到效果。這些是會讓我高興的事情，而當我高興時，我會付給你更多錢！

3. **內容的品質**。品牌與你聯絡，表示你的內容很好，但有多好？我曾經做過內容非常好的行銷活動，好到可以直接放上廣告看板，登在雜誌上，或拍成電視廣告。這是你的目標，不只因為它能鞏固你是個真正內容創作者的身分，也因為這是頂級做法，可以讓你賺進更多錢！

4. **姓名／辨識度／技巧**。品牌常常在它們的社群頻道上分享你的內容，它們的觀眾通常接受度都很高。但如果網紅的姓名／臉孔有辨識度，當品牌分享時，留言會從「很棒」變成**「我的天啊，我超愛 XYZ 網紅的！」**，那不僅是它們的成功，也是你的大勝。同樣

地，如果你是個技藝驚人的舞者，或做出最漂亮的蛋糕，它們也會付錢取得觀賞你技藝的機會——這很可能是你花了好幾年精進的成果——讓這則內容得以真正凸顯出來。技藝＝時間，而時間＝金錢。

5. **人口統計資料。**這就是品牌為何要付錢的原因——為了找到利基市場。如果品牌在找住在特定城市，而且死也要得到它家新眼影盤的大學生，而那剛好是你的觀眾群，那麼你對一個品牌來說，立刻會比那些只對其中一種目標群眾發聲的網紅有價值得多。

你的人才費是你到底花費多少錢創作內容。這個金額包括所有行銷活動相關的費用和你的時薪。為了算出最低基本預算，請計算下列費用：

- 你的攝影師／照片編輯
- 你要執行拍攝計畫的空間（飯店房間，Airbnb 等等）
- 任何你需要購買的道具（食物、蠟燭、花、氣球）
- 任何你需要購買的服裝（有時候，一個行銷活動會要你進行非當季的拍攝內容——例如在夏季展示冬季款式——而你必須買新衣服，這樣在隔了數月後貼文時，內容才會看起來是新的）。

然後，你必須把你的時薪算進去。無論你是寫一篇部落格貼文、自製照片／影片的拍攝，或是到一個攝影場地拍攝，那些事情都要花時間，而時間就是金錢。如果，你才剛起步，也許從一小時 25 美元開始，隨著經驗愈豐富、參加的行銷活動愈多，再調高時薪。以這樣的時薪所要處理的工作會依行銷活動而有不同，但應該包括：

- 和選角經紀人協商（一小時）
- 看簡報並搜尋廣告主的資料（二小時）
- 勘察並確定地點（二小時）
- 做一份拍攝工作的情緒板（mood board）[13]（二小時）
- 拍攝內容（最多十小時）

你把這二項加起來，那就是你應該開的價錢。你可以看看這張方便的圖表，每一列提供你合理的收費範圍。

---

13 是指針對主題蒐集關於色彩、圖片、影像或其他材料，藉此訂出視覺風格以及後續設計方向。

發行費			人才費
追蹤者和／ 或訂閱人數	Instagram 貼文	YouTube 影片	照片和／ 或影片拍攝
1萬到 9萬9000	$250- $2000	$1000- $5000	$500- $2000
10萬到 49萬9000	$2000- $5000	$5000- $10000	$2000- $7000
50萬到 99萬9000	$5000- $10000	$10000- $25000	$7000- $15000
100萬以上	$7500+	$15000+	$10000+

費用單位：美元

談你的報酬

假定你有10萬個追蹤者（看看你！），廠商要你接下一天的拍攝工作和一篇Instagram貼文。你可以要求4000美元，這仍在合理範圍。但合理並不表示那是最低或最高金額，因為就像我說過的，你真正的費用會依那五個費用因素而定，不過，這表示沒有人會對你要求的金額翻白眼。而在這個領域裡，說實話，讓別人不要對你翻白眼就

已經贏了一半。

如果，選角經紀人寄給你的信已經接近你認為自己所值的價錢，那請繼續進行，回覆說你想要知道更多細節。你的信應該看起來像這樣：

嗨，選角經紀人：

非常感謝你想到找我參加 XYZ 行銷活動。我那天有空，而預算也符合我拍攝一天和一篇 Instagram 貼文的費用。

你能不能寄完整的細節或是合約讓我詳讀？我想要在正式接下工作之前，先看過那些條款和使用方式。

謝謝你，

網紅

但如果，原先的 email 是要提供免費產品或服務作為你的工作酬勞，你要怎麼辦？那麼你得問自己幾個重要問題。

這是一個行銷活動還是幫忙宣傳？

當品牌要求你在你的貼文中包含特定的話題／標籤，而且對貼文何時上線有時間區段的要求，就視為置入性內

容或是一個行銷活動。但並非每一封你收到的信都是要求置入性內容。公關人員一天到晚在接觸網紅，希望你會喜歡他們客戶的產品／服務而且願意和你的追蹤者分享。他們只是在尋找宣傳機會。如果，你收到的信對它們真正要的是什麼並沒有說清楚，上網搜尋寄信給你的人。查看那個人的網站或領英。這個人是你所收到的產品公司的員工、是經紀公司、出版社還是公關公司的員工？如果，他們寄來的是新聞稿，你可以很有把握地推斷，他們是公關人員，要找人宣傳。但如果試了所有方法都找不出來，就直接問吧。公關人員和選角人員心中都有希望達成的結果，他們不會不願意讓你知道那是什麼。

如果，信是公關人員寄的，他們正在找人宣傳，要用產品／服務來交換，你可以決定是否想要做。如果，是個行銷活動，那你就得問你自己下個問題。

這樣對我有什麼好處？

免費參與這次行銷活動值得嗎？你可以把這個問題拆成三個部分思考：

1. 這是你夢寐以求的公司嗎？你可能一直想和這家特定的公司合作，而且它剛好是個精品品牌，又是你

第一個送上門的機會。

2. 你有機會去旅行嗎？它們可能會送你去趟令人大開眼界的旅行，你可以讓你的內容更上層樓。

3. 它們會推銷你嗎？也許，它們不願付你酬勞，但它們會在官網上做個人物簡介並和它們的社群分享你的內容。

這些都是對未付費活動點頭的好理由。但如果你對這三個問題回答「不是」，那你很可能應該拒絕這個工作。任何你花在這個行銷活動上的時間，都是你無法花在你自己創作內容上的時間，而這些內容才是讓你得到付費工作的關鍵。你也在冒著把一個品牌放上你的頻道，因而疏遠了競爭對手且讓它們不僱用你的風險。你可以寄封看起來像這樣的信：

嗨，選角經紀人：

非常感謝你想到找我參加 XYZ 行銷活動。這聽起來是個很棒的機會，因為【XYZ 品牌是我最愛的品牌之一／我很興奮能代表 XYZ 品牌去旅行／我很興奮能被引介給 XYZ 社群】。

由於沒有金錢上的報酬，XYZ 品牌能否在官網上

特別提到我，並且／或者在它們的社群頻道上分享我的內容？【只有在它們沒提議這部分時，才加上這段。】

　　你能不能寄完整的細節或是合約讓我詳讀？我想要在正式接下工作之前，先看過那些條款和使用方式。

　　　　　　　　　　　　　　　　謝謝你，

　　　　　　　　　　　　　　　　　網紅

　　萬一它們願意付錢，但比你自認該得到的金額要少呢？重要的事先做：查核你的自我意識。如果，你的朋友拿相同的工作機會來找你，你會跟他說自己會盡力去做，還是等待更高的酬勞？我們通常對朋友比對自己誠實，因此，這是一個可以用來判斷的極佳角度。如果你已斷定那是不公平的，你應該寄出下面這封信：

　　嗨，選角經紀人，

　　　　非常感謝你想到找我參加XYZ行銷活動。這聽起來是個很棒的機會，因為XYZ品牌是我最愛的品牌之一。

　　　　就你在信中所要求的工作範圍，我的費用較接近【$$$$】。你能協調看看嗎？

　　　　如果可以，你能不能寄完整的細節或是合約讓我

詳讀？我想要在正式接下工作之前，先看過那些條款和使用方式。

謝謝你，

網紅

這是所謂的討價還價，並把決定權丟回給選角經紀人。議價讓很多人覺得緊張，但如果你提出的價格合理，而且不是出於貪心的話，就不應該緊張。上述動作會導致二種結果：他們接受你的議價並寄來合約，或者否決你的議價並問你是否還想要參與。如果他否決你，重新問自己「這樣對我有什麼好處？」那一段的三個問題，並做出決定。如果你決定接下工作，可以寄出下面這封信：

嗨，選角經紀人，

我很興奮能參與這次行銷活動。除了【$$$$酬勞】，XYZ品牌能否在它們的網站上特別提到我，並且／或者在它們的社群頻道上分享我的內容？【只有在它們沒提議這部分時，才加上這段。】

靜候正式的提案／合約。

謝謝你，

網紅

轉讓機會

　　有時候，財星就是不配合，某個行銷活動就是不值得你參與。這是個隨著你的追蹤者人數和人氣愈來愈高且參加的行銷活動更多後，愈來愈常出現的問題。每一次行銷活動，都代表你和該品牌站在同一陣線，不管它們的競爭對手開出什麼條件，你都不會與之合作。你基本上等同切斷了未來的收益來源。因此，你必須慎選每一次行銷活動，而且這活動必須值得你這麼做。

　　如果你決定放棄，你一定要優雅有禮地拒絕，否則你會被封殺，而且永遠無法在這個領域工作。這雖然聽起來有點戲劇化，但卻是千真萬確的，問問曾和我合作過的人就知道了。我有一份持續增加的網紅黑名單，她們都是很糟的合作對象，而我願意和任何來問我的人分享。有禮貌地拒絕沒那麼難，真不知道為何那麼多人處理得那麼糟。

　　如果它們想要你無償參與：

　　嗨，選角經紀人：

　　　非常謝謝你想到找我參加 XYZ 行銷活動。我真的很感謝，但我目前不參加無償行銷活動。

如果你們的預算增加，我很樂意重新考慮。

謝謝你，

網紅

如果，它們所出的價格比你願意接受的要低：

嗨，選角經紀人：

　　非常謝謝你想到找我參加 XYZ 行銷活動。我真的很感謝，但以你們所提供的酬勞，我恐怕無法做出這個活動應有的高品質置入性內容。

　　如果你們的預算增加，我很樂意重新考慮。

謝謝你，

網紅

　　因廣告主的預算不足以支付你自認應得的酬勞而放棄機會，這絕對沒問題。這種狀況在人們應徵工作時很常見，在這一行也一樣。有時候，選角經紀人會跟你來硬的，在你放棄抵抗後就會接受你的議價條件。其他時候，如果它們真的很想要你，它們會挪用預算的其他部分來支付給你。你永遠不會真正知道 email 的另一端發生的事情，因此，有禮但堅定才那麼重要。

如果，你因為活動和你的形象不符而放棄時，你該怎麼處理？很遺憾，會發生這種狀況是因為很多公司對影響力行銷還很陌生，還沒搞清楚哪些網紅適合，或如何與其接洽。但既然你不想參與那個行銷活動，這是最簡易的回信寫法：

> 嗨，選角經紀人：
>
> 　　非常謝謝你想到找我參加 XYZ 行銷活動。我想互動率對你們來說應該是個重要的度量指標，但就我能為這個行銷活動創作的內容而言，可能無法引起我觀眾的共鳴。我想確保你們的投資能有很好的收益，因此必須回絕你們的提案。不過，下次活動還是可以再和我聯絡。
>
> 　　　　　　　　　　　　　　　　　　謝謝你，
>
> 　　　　　　　　　　　　　　　　　　網紅

但如果你很幸運，每個和你接洽的行銷活動都會和你的品牌相符，而且要不是吻合你開的費用，就是有足夠的附加價值。

接下來，你就會面臨開始參與行銷活動前最困難、也是最後的關卡：敲定合約並解讀簡報。

專家撇步

網紅所犯的一大錯誤是，跟著酬勞支票走，而不是列出自己熱切想合作的品牌，再規劃行動。很重要的一點是，與品牌夥伴建立一段對你的粉絲和它們的顧客來說，都是真實可靠的長久關係。

——麥克西米里安·烏蘭諾夫
（Maximilian Ulanoff，@maximilian_ulanoff），
巴赫華德人才經紀公司（Buchwald）經紀人

泰妮・帕洛西安

@tenipanosian + remarques.com

如果，你有追蹤Instagram或YouTube上面的美妝網紅，你就很有可能知道泰妮是誰。她曾和美妝、保養與時尚界最大、最棒的品牌合作。幾年前，她拍了一支萬聖節扮裝教學片，教你化出埃及法老妝，到現在都還是我歷來最愛的YouTube影片之一。她也是少數幾個真的對過去這幾年她個人及專業上的成長毫不隱瞞的部落客。還有，她擁有南加大（USC）的傳播管理碩士學位。對，她絕對不是只有一張漂亮臉蛋而已。

關於把你的部落格名稱
從MissMaven改成Remarques

我知道該是有所改變的時候了，因為我有好一段時間都覺得沒什麼創作部落格內容的靈感——長達近一年。我深思後發現，自己已經長大了，不再適合用那個名稱，這點燃了一股新渴望：我有機會開始經營一個全新的部落格。

我想要讓這個新部落格的性格更莊重，而且整體而言，比MissMaven.com更成熟，MissMaven.com比較像給青少年看的。我仍然想讓部落格的名稱簡單、不複雜，因此，我決定讓這個新網站的內容僅含我對生活中不同層面的評論。這對我來說，是超乎尋常的一大步，因為最初我是透過部落格進入數位世界的，它與我的職業身分密不可分，我當然非常緊張，不知道我的觀眾對這個改變的接受度如何。幸好，由於他們自己都在成長也有改變，因此，他們都很支持，這個結果讓我激動到極點！

關於幫助你達到100萬訂閱者的YouTube策略

策略就是創作有品質的內容，始終如一。人們是因為想要看到你認真地持續經營這個內容頻道，

他們才會持續回訪，就像他們知道自己最愛的電視節目會在週間某個特定晚上的黃金時段播放一樣。YouTube演算法也會影響你在YouTube上的表現，所以你也得一直討它歡心。對我來說，那是個緩慢爬升的過程，現在仍是如此。在思考過程中，永遠必須聚焦在內容的品質上，我也傾盡全力這麼做。

關於跟上Instagram的改變

我沒有遵照Instagram的任何公式，雖然我很可能該這麼做！Instagram在2017年變化很大。我現在對何時貼文以及貼文的內容，比較能掌握運用策略了，但我仍把重心放在確保觀眾會喜歡我的照片和影片上。如果你過於在乎要照著策略走，你會被逼瘋。只要我提供的是人們想看又能逗樂他們的內容，照片是設計過還是較為「真實」的都不重要，真的！

關於你準備好找個經紀人

噢，天啊，我準備得可好了。在亞伯拉罕藝術家經紀公司（Abrams Artists Agency）來找我之前，一直都是我自己去洽談業務的。那真是不容易！大約在那同時，另一家洛杉磯的知名經紀公司也和我

聯絡，但在我見過潔德·雪曼（Jade Sherman）及亞歷克·尚克曼（Alec Shankman）後，我斷定自己無須再見另一家經紀公司了。這家經紀公司有著我所追尋的特質，不用再探索其他選項。

亞歷克是數位及娛樂界的重量級人物，他對亞伯拉罕的新媒體製播部門有著很明確的願景。在那次會面之後，我知道我想成為其中一員。而且，我很幸運能夠和我的經紀人潔德搭配。對她以及我們一起工作的狀況，真是好到我說再多也不夠。沒有她，我不會有今天的局面。我一直習於當那個團體中最拚命、堅毅有衝勁的人，但潔德和亞歷克讓我覺得，我做得還不夠！無意間，我自己也被他們的動力和職業道德所激勵。

關於向新方向擴展之前先選好利基市場

我不確定在擴展之前先選好一個利基市場，並在該領域表現突出是否必要，總之我正是碰上這樣的難題。我本來很猶豫是否要跨入時尚圈，因為我不想被看成那種試圖想當時尚專家的「花瓶」。但我很快就了解，我的觀眾就是想要看我的個人時尚風格，需求是存在的。那正是讓我開始分享時尚風

格內容的動力。

　　旅遊倒是很自然便成為我內容的一部分，因為那讓我得以開始創作這些視覺上很美的敘事風格影片，讓我能藉由創作獲得滿足感。我現在的經營重點放在使內容多樣化，既不失我的觀眾一開始來看我內容（美妝）的目的，同時也能讓他們看到這些新鮮刺激的影片和照片。

關於在30幾歲時成為網紅

　　這一行的特色就是，你絕對可以在你30幾歲時起步。挑戰在於趨勢：大部分在社交媒體上成為趨勢的東西，都是為了年輕族群而設計，而如果你不是22歲的話，有時跟起風就會變得很可笑。但那不表示，你不能為較成熟的觀眾服務。如果我沒有全職做這個工作，我現在應該會在演戲，因為那是我的數位事業突然成功之前正在做的事情。然而，愈深入這個行業就愈讓我確信，自己只想回學校、拿更多學位……，過學者的生活。

關於在社交媒體上分享你的私人生活

　　對於在社交媒體上分享我的私人生活，我不

是非常自在。有些人對此完全不在意，但我才剛開始習慣。我願意分享私人生活點滴的唯一理由，是因為我知道這有助於駁回我的人生很完美的想法。我來自破碎家庭，我有焦慮問題，對維持關係有困難。這些都是以前我猶疑著不願分享的事，但我知道，有人也正經歷著其中一些相同的人生問題，因此，如果能幫助人們不再覺得自己得獨自面對自身困境，要我敞開自己，這理由足矣。

所有從我口中說出的話都是真實不虛假的，這是我的第一優先原則，這也讓我不太會有消極的想法。當然，我的確偶爾會收到負面留言，但我只管繼續往前走。寫下令人不快留言的人不了解他們有多容易被看穿。你會有點為他們難過，然後不理他們繼續工作。不過，我永遠歡迎有建設性的批評，這有助於我改善內容。我對我的觀眾保持溝通管道順暢，很感謝他們願意真誠以待。

關於和其他網紅當朋友

身邊有了解你的挑戰還有你每天所經歷之事的人，永遠都是一件很棒的事。擁有那樣的關係很重要，尤其是在一個感覺一直都很競爭的行業。從其

他網紅身上，我感受到支持和勇氣，而我也會同樣回報，這是一定要的。我們大部分都在彼此事業剛起步時就成為朋友，很高興看到我們一路走來有了多少進展。

關於女性主導影響力市場

我認為該是女性主導一個坐擁數百萬元行業的時候了。我們創造了一個空間，在那裡，我們在事業上用自己的方式取得令人尊敬的領先地位，這很少見。這一行讓內容創作者實際上可以做任何想做的事情；我們自己決定生涯走向。而且，在整個產業裡，我們保有一定程度的品質與專業，得以讓別人認真看待我們。說真的，還有哪個你知道的行業讓女性能像我們這樣謀生的？我們不常聚焦在這個事實上，但那是很重要的一點。

反之，我們身為內容創作者這件事為其他女性開了一條路，讓她們有自信地大步採取行動。我不會把我們做的事情看作是創造了不切實際的期望，我們其實是為這個新興的繁榮產業鋪了一條路，帶給女性和女孩嶄新的機會，這是在僅僅十年前還沒有的機會。有趣的是，人們很愛關注女性承擔的

「壓力」。不，我們可以應付的。這就是我們在做的事情，而那也是我會跟想成為內容創作者的女孩說的事。

關於後見之明

我希望自己對於全心投入數位世界一事懷抱信心，不要猶豫。雖然我常常猶疑不前，但我要告訴有志成為網紅的人，帶著自信往前踏出一步，知道你要給出的是別人所沒有的獨特東西。

合約
如何破解這些法律用語？

　　每當我要簽下一個網紅時，讓她在合約上簽名這件事要不是最困難，就是最容易的部分。

　　如果，我是和她的經紀人、經理或律師一起處理合約，就要經過大量的修改，我們會來回交涉直到雙方對條款都滿意為止。但是，當我把合約直接寄給網紅時，那回件的速度之快，我幾乎敢肯定她沒有看內容。或者她真的看了，卻沒有徹底仔細看過，比較像是瀏覽而已。或許是因為我還保有前法律系學生的基因，所以很看重這件事，但你絕對不要連看都沒看就簽下合約，而且，我指的是真正讀過內容。

法律用語是外國話，因此，我可以理解合約為什麼看起來很嚇人。但如果你學會了基本知識，你就可以很有自信地在文件的虛線處簽名，知道自己要做的是什麼事情。你收到的每份合約都不一樣，但是，它們大部分應該都具備下列這些要素：

- **個人資料**：這包括你的姓名、電話號碼、郵寄地址和email。確認這些資料都正確，因為這會是對方在整個行銷活動中與你聯絡以及付款給你的管道。如果，你在Instagram上使用的名稱不是你的真名，或者你的銀行帳戶其實用的是你娘家／夫家的姓，現在該是公開說明的時候了。你不希望你的酬勞因為名字造成混淆而延後收到吧。

- **活動細節**：這會清楚解釋僱用你的是誰（也許是經紀公司、出版商或直接是廣告主）、你幫誰創作內容（通常是廣告主），以及內容應該是關於哪個品牌（這是你會知道產品或服務名稱的地方）。這部分可

能還包含行銷活動簡報，但簡報的內容可自成一節，所以會留待合約的基本知識之後再談。

- **拍攝日程表**：這應該很清楚，不用解釋吧。拍攝日程表會有照片或影片拍攝的細節。你要找的是像日期、城市所在位置，以及拍攝期間這樣的事情。拍攝期間是指你會在拍攝現場待多久，可能短如三小時，或長如十小時。別忘了這不包括去拍攝現場或離開的時間（從進場到出場），因此，每次在拍攝前一天都要睡好，並且要做好度過漫長一天的安排。

  也許不是每份合約都寫明你的集合時間或是拍攝地點，因為有時候製作小組還在協調這些事情。在拍攝日期的前幾天，你會收到通告單，上面會有所有的細節，有時甚至有早餐和午餐的時間。我參與過的每一場拍攝工作都有很棒的食物，還有很多點心和飲料。如果，你對任何食物過敏或有特殊需求（你吃素或不能吃麩質），要告訴他們。你要確定自己有很多吃的選擇。

🗨 別當那女孩

　　我應該不用說這件事，但當你接下一個行銷活動時，你是在工作，因此你應該將私人活動減到最低。你可以在休息時打電話給媽媽嗎？當然可以。你可以在拍攝不同妝容間的空檔，發簡訊給朋友說你有多興奮嗎？有何不可？你可以在Instagram上貼出拍攝場地的幕後花絮照片嗎？除非那是機密，不然請便。但你恐怕不該搭我派去的車去看醫生，而我們都在拍攝現場等了你二小時。看醫生沒有速戰速決這種事。下一次，你所浪費掉的每一分鐘，我們都會寄帳單給你。

- **可做到的事**：這部分專指你按照合約必須為行銷活動做的事。可能是很簡單的事，如你Instagram貼文的圖說，或是比較複雜一點的，如提供五款使用廣告主產品的全身照，以及每款都有五種變化。

　列在這部分的素材是指，雇主在付款給你之前預期會收到的東西。我努力把這部分寫得盡可能詳細，如此才不會造成混淆，但你還是需要讀個幾遍，確定你已做到我所要求的事情。例如一次包包搜身、一次平拍

和二次街拍，不是二次包包搜身和二次平拍的意思。再來不用說也知道，你的照片應該是以專業態度拍攝，而且你應該是以如果它是自發性貼文時，你會投入的精力來編輯照片。再來，照片應該是高畫質且解析度達300dpi。如果你不知道這是什麼意思，在你拍攝任何東西之前，先上網搜尋並了解。事實上，你的照片應該比你動態消息上的照片更華麗吸睛，因為你是拿了預算來創造內容的。記得我在第一章給你的製作撇步嗎？更好的做法是，拿你的一部分費用去請個專業攝影師。這會反映在你的作品上，而且也會讓每個人的日子都好過點。

👎 別當那女孩

這個故事仍讓我火冒三丈，那不專業的程度真是令人瞠目結舌。

我寄了份產品給一個網紅，她應該要拿產品自拍後連同照片寄回來。在確認她收到產品後，我們就等。再等。又等了一段時間。她的經紀人一直堅稱，我們會在最後期限前收到照片。在照片應該寄達的那天，經紀人說，那天晚上我一定會收到。我最後終於

收到照片，它們真是我見過最爛的照片。我要是給我剛學步的小孩一支摺疊式手機，拍出來的照片都還比較好。有些照片是在光線很差的地鐵車廂裡拍的，其他的是在她家防火梯上拍的，產品四周都是枯萎的植物。我差點在我的公寓裡崩潰爆炸。

被激怒的我打給經紀人，勃然大怒情緒失控。他答應會幫我跟那個網紅要到比較好的照片。所以，我等著。結果那個網紅把產品帶出國，因為她想到一個涼爽的地方拍產品照。唉。萬一海關沒收了產品怎麼辦？萬一被偷了怎麼辦？萬一航空公司搞丟了怎麼辦？有那麼多糟糕的狀況可能發生，而她顯然沒有想到任何一種。但現在，我連產品都拿不回來了，所以就等吧。我又再等了一段時間。

她的經紀人寫信給我，要求延長時間。當我問起原因，他說是因為那個網紅生病了。呃，我們可不希望網紅在貼文裡看起來高級糟[14]，因此，我們真的無法說不。好吧，她可以延長期限。好幾天過去，然後我又被告知，和網紅一起旅行的朋友離開那個國家

---

14 此處原文為「haute mess」，作者故意模仿「haute couture」（高級訂製服）一詞。

了，所以現在她找不到人可以拍照。這為什麼會是我的問題啊？我不知道，總之她需要再延期。我告訴她，去找個有相機的人，或者買臺相機，然後僱個人立刻拍照。我原先對應該要交照片給客戶的日期設了緩衝期，但現在被她逼得要縮短。

更多天過去了，我告訴經紀人，如果我沒有在新的截止日前收到這些照片，我以後就會禁用在他公司名單上的任何一個人。很神奇地，照片「準時」送達。我們的品牌喜歡，客戶喜歡，大家都很開心。大家，除了我。我心裡發火。我把那些可怕的照片貼在牆上，告訴每個到我辦公室的人這個故事。最後雖然事情都解決了，但那個網紅呢？她終身禁用。

- **合約期限與廣告播放期間**：有些合約會包含這些期限之一或兩者都含，不過簡而言之，「合約期限」是指協議的期限有多久，通常從你簽合約的那天開始，到行銷活動結束為止。「廣告播放期間」是內容放在線上的時間。你通常會有個你必須把照片發出的設定日期，而且不能在約定時間結束前刪除或封存照片。

- **專有權：**請特別注意這個部分，因為這裡會規定你不能和誰合作，還有期限多久。有時候，是廣告主的最主要三或五個競爭對手，它們會告訴你誰在名單上。其他時候是類別的專有權，那代表你不能和任何在那個類別（唇膏、啤酒、化妝品、太陽眼鏡、百貨公司等）裡的人合作。

在討論專有權的期限時，有可能是一星期、一個月、三個月或更久。要記住最重要的一點是，你一旦同意接受專有權，就拍板定案，不可更改。如果，你和一家香水公司簽訂以2500美元合作三個月，但過了二個月，它的某位競爭對手向你提出以10萬美元合作一年的條件，這表示在你的專有權結束之前，你不能和後者合作，而如果那會讓你錯失10萬美元，那也是沒辦法的事。當然，除非你或你的經紀人請求廣告主許可並獲得同意。這正是我為什麼在第五章一直告訴你，在你正式接受之前，要詢問更多細節或看合約的原因，因為，魔鬼就藏在細節裡。

延長專有權，你肯定該提高價碼。我堅決相信，包含廣告主三個最主要競爭對手的一個月專有權算合理。任何超過這個的條件都應該拉高價碼。節日期間（如母親節和情人節）以及特殊季節的專有權，也應該要

提高你的價碼，因為廣告主在這些時候，像撒糖果一樣地到處撒錢，你得回絕比平常更多的生意。旺季依你的特殊利基而有不同，但最主要的五個旺季是：

- 節日：感恩節到新年。
- 開學：八到九月（媽媽網紅的大旺季）。
- 時尚週：秋季＋春季（時尚與美妝的大旺季）。
- 期末舞會（有青少年觀眾的網紅的大旺季）。
- 一月（健身與健康／保健網紅的大旺季）。

你可以根據有多少人對你有興趣來決定要提高多少價碼。如果你才剛起步，你可以比品牌日夜灌爆你收件匣的情況更有彈性些。假設你有好幾個來自競爭對手的提議在等，但都沒有確定的合約時，你應該怎麼辦？誠如你若有不止一個工作機會時，你會做的事一樣。寫信給每間公司，告訴它們，你有另一個會讓你無法與之合作的提案，看它們是否想要提出較好的條件給你。如果沒有，你可以很有信心地簽下合約，而不會在過程中激怒任何人。

- **用途**：關於用途，大家總是搞得比原本應有的狀況更複雜。用途規定廣告主可以怎麼用你的照片／影片。

無論是你自己拍的，還是品牌／廣告主拍你，你的影像是有價的，你必須保護它。標準用途包含廣告主將照片／影片張貼在它們擁有並經營（owned and operated，簡稱O&O）的數位頻道上，意指它們的網站、部落格和社群媒體頻道。你應該確保它們註明你是作者，或不管它們分享在哪裡，都有提到你的名字／網路名稱。

其他的用途包括：

- **付費社群**：把你的內容轉成在 Facebook、Instagram 和 Twitter 上的廣告。
- **插播廣告**：在影片前的迷你廣告，常見於 YouTube。
- **內頁**：在紙本雜誌內的廣告。
- **店內**：商店內的廣告標誌。
- **銷售點**：銷售點／結帳櫃檯。
- **第三方**：透過廣告行銷公司播放的廣告，如 Nativo。你是否看過那些網頁中間會出現的廣告，或是在一則貼文的最後出現連到其他文章的連結？那些就是第三方廣告。

就像專有權一樣，你應當為了這些額外的用途提高價碼，因為它會讓該品牌的競爭對手更容易看到你的內容，並把你和該品牌連結，以至於它們籌備下個行銷活動時不找你。但正如處理所有來自某個品牌的要求一樣，考量你現有的機會以及你從眼前的機會一定能獲得的利益。你不會希望因為專有權或用途之故而要價太高以致於乏人問津，因為這些機會可能有助於讓你和XYZ品牌或經紀公司建立起良好關係。如果，你的要價它們能負擔，而且你表現傑出，它們會一直回頭找你，而你可以賺更多錢。我至少僱用過@colormecourtney三次，因為她很和藹、專業，而且總是不超出預算。那絕不是說她很廉價，而是因為她親切友好又值回票價。

- **酬勞**：這可能是任何合約中最重要的部分，因為會討論到錢。大多數情況下，你會看到下列關於酬勞的要素：

  - **費用**：對方要付多少錢給你。這有可能和初步提案的數字不同，要看最後的條件而定。
  - **付款條件**：這部分會說些像是「淨30天」或「淨60天」這樣的詞。這是指在你給出付款通知清

單後，對方多久應該付款給你。在協商你的費用時，如果它們提出的費用低於你想要的費用，而且在金額上無法讓步，或許在付款條件上有討論的空間。也許它們可以先付你部分費用，然後在活動結束後再付清。或者，付款條件可以從它們原先提出的淨45天改成淨30天。最終提案很有可能已是對方能給出的最好條件，但開口問問總是沒壞處。我希望這對我們雙方而言都是一次有益的經驗，因此，只要網紅在詢問時保持禮貌，我會盡我所能協調任何要求。

- **文件**：你通常必須寄出付款通知清單（確認上面有你的名字、地址和行銷活動細節）、你的W9表格[15]（納稅義務人身分證字號及證明文件），和某種付款表格。有些公司仍以支票支付網紅，但大部分會直接匯款，所以你會需要一份自動轉帳授權書（ACH form），就像你給雇主的那種，還有一張作廢支票。也許有些公司以PayPal或PayPal的行動支付app Venmo來付款，但這通常是些勇於打拚的小公司，它們沒有要付款給上千個不同的

---

15 美國國內限美籍人士使用的報稅表格。

人的需求。

- **旅行與開支**：如果，行銷活動需要旅行，這個部分會概述網紅如何到達拍攝場地，誰負責訂票、訂房、支付旅費。在大部分情況下，所有的旅程安排都是選角經紀公司負責。說實話，這是我的工作中，我最不愛的部分。幫網紅預訂行程一直都是個大工程。不只是因為預訂行程一般而言都很煩人，也因為有相當多網紅認為自己有資格得到比他們真正該有更好的膳宿安排。

除非你有50萬Instagram追蹤者或50萬YouTube訂閱數，否則連開口要求搭商務艙都別想。是的，我知道廉航捷藍航空（JetBlue）有商務艙，但我才不在乎它有時只比經濟艙貴一點點而已。我們會透過與公司合作的旅行社預訂行程，我預訂商務艙機票時需要經過重要人士簽核，所以，這個網紅最好值得我這麼做。不過，除非你是落在名人或頂尖模特兒這一級，否則你無論如何都不可能獲准搭頭等艙。

我甚至會鼓勵頂尖網紅同意搭乘經濟艙，然後自己升級。他們那麼常旅行，很可能有紅利點數可以用來升級。到頭來，他們會占到優勢。他們很

可能拿到較多費用，因為我們需支付他們的差旅費預算比較少。且因為和他們共事很輕鬆，他們也會得到更多合作機會。當然，不是所有的網紅都是女神，但有些人真的腦中都是數字。有這麼一個網紅必須住在某家特定飯店，一個有某種浴缸的特定房間，而且要額外補充果汁和半夜的零食。很抱歉，我不知道原來我幫這個活動簽下的是個幼稚園學童……。

👎 別當那女孩

有次我找來一個網紅，正在討論條款該怎麼列。當我告訴她的經理，我們可以提供商務艙，因為她的Instagram追蹤者超過100萬時，經理對我發脾氣。他告訴我，她只搭頭等艙。我笑得太厲害，從嘴裡噴出的水，差不多毀了我的筆記型電腦。

她想搭頭等艙？好像她真的是個名人一樣？他繼續含糊不清地說著，她之所以不能搭商務艙，是因為大家會認出她來。抱歉，但在商務艙裡，有誰會是一個美妝部落客的迷妹？而且，如果她這麼有名，當然有錢自己付頭等艙機票，更應該有紅利點數可以自己

升等吧？

　　不用說，我當然沒有用她，而且我像躲瘟疫一樣，對那個經理避之唯恐不及。而可悲的是，他的名單上很可能有一大票很棒的女孩，她們甚至不明白，我為什麼不找她們。

聯邦貿易委員會的條例與規定

　　聯邦貿易委員會（Federal Trade Commission，簡稱FTC）是美國政府中的一個獨立機關，致力於保護美國消費者。或者，我喜歡稱之為廣告警察。講到影響力行銷，FTC想要確保，當人們在一個網紅的部落格或社群媒體頻道上看到一篇貼文時，能夠清楚知道那篇貼文是否得到贊助。我們很感謝這一點。我是說，誰想要在影音部落客的推薦下，跑出去買一支唇膏，結果卻發現唇膏很爛，而網紅只是因為有人付錢才推薦的？

　　大多數情況下，網紅不會誤導他們的觀眾，因為如果他們推薦了糟糕的產品，他們會失去觀眾的信任。我和很多網紅合作過，他們會要我寄產品過去（或者，如果市面上有賣，就自己出去買一個），因此，他們在簽約受聘於

一個行銷活動之前，可以自己先試用。我愛這樣的網紅，因為這表示如果他們說好，代表他們是真心喜愛那個產品，而不是只是嘴巴講講而已。

　　FTC非常要求免責聲明盡可能大而且管理良好，但有些較簡單的方法，可以讓你不用在內容上蓋一個大大的金錢符號也能適切表達出這一點：

- **部落格和影音部落格：**毫無疑問地，你應該在部落格文章的開頭就讓讀者知道，你和XYZ品牌合作。如果你的內容向來很好，他們不會因為它是廠商贊助的內容就不讀／看。他們會因為想知道你拿廠商的錢創造出怎樣厲害的內容，而繼續看下去。你也可以把標題定成這樣：「與XYZ合作：秋季時，你衣櫃必備的九樣單品」，或者，在你的部落格裡開一個類別叫「夥伴關係」或「合作」。那樣的話，就不會有人對於哪些是廣告主贊助的內容感到困惑。

　　在YouTube上，除了在標題和敘述中提及之外，你也得在影片中清楚表明，這是廠商贊助的影片。簡單地說聲：「哈囉，歡迎回到我的頻道。我今天要展示我包包裡的東西，感謝XYZ品牌和我合作，才有這支影片。」這樣就夠了，也會讓廠商很高興，在影片一開

頭就提到它們。

- Facebook 和 Instagram：在我寫這本書時，Instagram 把它的公開訊息政策改成和 Facebook 相同。之前在 Instagram 上，你只需要在圖說中友善地加個#廣告（#ad）就可以，雖然，很多網紅也會用#贊助（#sp）、#贊助的（sponsored）和#夥伴（partner）（即使 FTC 不喜歡這樣的免責聲明）。但現在，如果是具備使用品牌置入工具權限的網紅，就必須標注 XYZ 品牌，這樣對所有觀眾來說都很清楚，明白這則貼文是來自付費合作關係。這樣可以免去無謂的揣測，也無可閃避。這會包含在你的合約裡，而且若 Facebook ／ Instagram 抓到你試圖隱瞞不彰，它們可以隱藏你的貼文，甚至禁止你使用平台。

我永遠不明白，網紅為何覺得揭露自己有拿品牌的錢會是個問題。如果你的觀眾想要你繼續全職創作內容，你就需要有全職的薪水。同樣地，若你遵守 70 ／ 30 守則，他們也不該因你的動態消息上出現廣告而感到厭倦。再者，要是你能用那筆錢做出比你單打獨鬥創作時更好的內容，他們會很興奮地想看你每次和廠商合作又能變出什麼花樣。

行銷活動簡報

前面曾談到，合約可能包含行銷活動簡報，以下便來說說簡報的真實意涵。

廣告界有個笑話說，簡報從來不簡短，這是千真萬確的事。它們總是有 15 頁之多，還有圓餅圖、表格和其他視覺輔助。做簡報很痛苦，但當你是個網紅時，收到一份好簡報真是無價之寶。

把簡報想成是廠商提供的創作指南。它們當然想要你創作有你自己風格的內容，但也必須確保內容和品牌風格相符。簡報中也許會告訴你，XYZ 的目標客群是 18 到 21 歲的人，因此，別創作出太青少年或太老成的內容。內衣公司可能會說，你在展示它家胸罩時，一定都要穿上襯衫或浴袍。烈酒公司會告訴你，你的內容裡不能有任何汽機車，或甚至不該有任何你可能在開車的跡象。

簡報通常會告訴你品牌歷史、產品詳細資料以及談話重點，如銷售日期、尺寸大小、價格、成分等等。簡報有各種形式和大小，而你真正需要記住的是，**讀它**。如果你不遵照簡報裡的指示，交出不符規定的內容，品牌可以要你全部重拍，或者拒絕付款。簡報也可能包含交件期限，

如果你沒有準時交出內容，品牌可以拒絕付款給你，還可能再也不和你合作。重點在於你不遵照指示，你就拿不到酬勞。想想看，在做了所有工作之後，只因為你沒有看簡報就拿不到酬勞，那有多令人傷心啊。

亞歷珊卓拉・皮瑞拉 ⋯

@lovelypepa + lovelypepa.com

　　2009 年，亞歷珊卓拉原本正往成為律師之路邁進，卻決定轉換跑道，開始經營部落格。法界的損失卻是我們的收穫，因為她的 Instagram 是大部分英語與西語人士樂於追蹤的最佳 Instagram 之一。她身材嬌小、個性鮮明，很懂得生活之樂，而她的座右銘是「堅持傻勁，永不滿足」，這一點也不令人意外。她不是在機場或打包行李，就是在經營她的服飾品牌「Lovely Pepa Collection」，這個系列取材自風景、不斷進化的時尚風格和對旅行的渴望。

關於成為部落客

當部落客一開始是個嗜好。我受到其他寫部落格的人啟發與吸引，每天都要去逛逛其中好幾個人的部落格。我深深著迷於部落格這種做法，因此某天晚上，當我在家閒著沒事時，我心想：我為什麼不自己開個部落格？我就這樣展開這整趟冒險之旅。我根本不知道，這一刻後來會如何定義我的人生軌跡。

講到我想要和世界分享的東西，我很清楚一定是時尚。那是我最熱衷的主題，我覺得有些什麼想和他人分享。我開始貼出我每天的穿搭照以及生活中的點滴，大家都很喜歡！

沛芭（Pepa）是我養的法國鬥牛犬，也是部落格名稱的由來。我想，如果再加點英文元素會更好聽。英文與西班牙文混合聽起來很不錯。

關於更努力經營你的 YouTube 頻道

雖然我的 YouTube 帳號已開了好幾年，但我直到 2017 年 8 月才開始持續在頻道上發片。對我來說這是重要的一步，因為它讓我的追蹤者能和我用不同的方式互動，讓他們可以更認識我。

我的第一批影片是垃圾，我把它們刪掉了。我覺得品質不夠好，而我只喜歡發表我覺得自己有做好的作品。YouTube是個和Instagram完全不同的世界。它更為真實，而在某些情況裡，它也更有用。YouTube的觀眾通常互動性更高，他們幾乎都會寫下比我在Instagram或其他社群媒體平台上所見更長的留言。

關於在你的平台上講二種語言

西班牙語和英語是世界上最普遍的語言之二，這代表能有機會和大量的人群建立關係。用不同語言創作內容的動機該源於此：和更多人連結，以便增加人們欣賞你內容的機會。

然而，那樣的確帶來額外的工作量，很容易把你自己搞得筋疲力盡。我給有志成為多國語言網紅的建議是，在全心投入這個工作之前，先仔細研究清楚行動步驟，因為一旦做了就很難回頭。例如，我的西班牙語追蹤者認識的是講西班牙文的我，並因此喜歡我。如果，我什麼時候不再用那種語言溝通了，我就會和他們很多人疏遠，而且很有可能讓他們對我不再感興趣。

關於創作高品質的內容

在我看來，維持穩定高品質內容的關鍵在於，貼文要在發表前幾天就準備好。我的團隊和我每天都會就內容創作進行腦力激盪。我們會思考如何協調旅行、地點和服裝，讓它們以最能鼓舞人心、最有吸引力且最有美感的方式融合在一起。每樣東西都必須在對的時間，一起出現在對的地方。我猜，我們其中一個成功關鍵在於維持所有元素之間的正確平衡。然而，很重要的是要知道，不管你準備得多充分，較為即興且不造作的方式也可行。我們有些最受歡迎的貼文，就不是原先計畫好的。

就置入性內容而言，它和我們自發創作的內容沒什麼不同。我很小心仔細地在我所有的動態消息中都維持一種真實而連貫的身分，而在開始和品牌合作之前，我會先提出創作自由是我不可妥協的條件。

關於頻繁旅行

要過我這樣的生活是相當麻煩的，但我發現這很有趣，而且相當適應這種生活型態。當我不旅行時，就覺得好像哪裡不太對勁。我已經對發現新的地方上癮，而且還是像我第一次出遠門（我五歲時

去迪士尼樂園玩那次）一樣興奮。

　　維持穩定的發文量需要事先準備內容，我通常會在發文前留下四到五天的時間。有時候，我必須有些彈性，尤其如果我必須遵照合約，發表有時間限制的貼文。然而，一般而言，我們至少得花四天編輯素材，而和我們合作的人通常會依循我們的工作方式。他們甚至鼓勵這麼做，因為他們寧可自己贊助的內容有高品質，而且因我們的追蹤者有較好的回應而獲益。

關於從法律轉換生涯到設計和內容

　　在我開始念法律課程幾個星期後，就知道它不適合我。儘管如此，我仍繼續念，因為我覺得那是對未來最有保障的賭注。而我做過最棒的事就是轉換跑道。

　　我非常鼓勵大家克服任何恐懼，追求他們真正熱衷、讓生命有目標的事情。關上一扇門會開啟新的機會，而總歸一句話，每個問題都有解決方法。重點在於確定問題並思考解決之道。

　　我並不後悔沒當上律師。我深信如果我死守我原先的計畫，我會成為一個平庸的律師，過著平淡的

生活。因此，開始經營部落格是我做過最棒的事。

關於和另一半一起工作

　　和我的伴侶一起工作，就像其他事一樣，有好處也有挑戰。我們決定一起工作是因為，我相信他的技能可以大力補足我的。他有強大的商業背景和組織能力，而我比較具有創造力。他把我們的整個行動徹底改造為真正的生意，而我則有機會專注透過更多平台產出更多品質更好的內容。

　　談到和伴侶一起工作，我相信並沒有明確的規則可以用來判斷這樣的關係是否行得通。最重要的是要在工作和家庭間劃出清楚的界線，才不會讓其中一邊凌駕另一邊，這種平衡是和另一半有成功且健康工作關係的基礎。

關於事業進入下一階段以及設計自己的服裝系列

　　有時候，我必須捏捏自己，提醒自己真的在做這件事。這是真正的夢想成真！我想要開始做我自己的服裝系列想了很久，我要它成為我職業生涯的下一步。因此，當所有對的條件出現時，我沒有多加考慮立刻抓住這個機會。顯然，沒有「Lovely

Pepa」的成功，就不可能有這一切。我的部落格和社群媒體合起來達到數百萬人，讓這股影響力發揮重要效用，是我們商業模式的核心。

關於女性主導影響力市場

這樣的成就相當激勵我，因為職場通常不利女性發展。這證明，性別並不是你在工作上成功的決定因素，人們早該用我們完成工作的能力而不是其他的考量來評價我們。

隨時準備上 Instagram 的生活型態，不應該給外界女性創造不切實際的期待。我相信，有時為了想要啟發他人，我們最後可能也會傳達出令人誤解的訊息：你現在的生活有哪裡不對。由此看來，我認為我們有責任讓大眾知道，在我們所打造的完美圖像世界背後的現實與不完美。

我給年輕內容創作者的建議是，仔細了解後再決定是否要追求這樣的生活。這條路很複雜而且不完美。我們就和任何人一樣也有不順心的日子。此外，我們每天都在工作，我不知道週末是什麼。

關於後見之明

我希望在我剛起步的時候能有個導師——一個來自業界的人，可以談談我面對的問題，能真正了解並指引我做選擇，還有如何維持適當的生活與工作平衡。社交往來也很重要，這種生活型態也可能讓我們犧牲人際關係。

對有志成為網紅的人，我想最重要的是要相信自己。只要這件事做對了，你會成功的。這會伴隨著辛苦工作以及一路上的各種犧牲，但沒有什麼好東西是可以免費得到的。最重要的是，我建議去擁抱讓你與眾不同的特質，因為那最終能讓你打造出自己的品牌。

經紀人

...

如何知道你已準備好？
去哪裡找個經紀人？

你也許覺得奇怪，你最喜歡的網紅是如何接下所有的行銷活動，而仍有時間創造令人驚豔的內容。簡單來說，她沒有。她很可能有個團隊幫她處理業務，所以她能專心創作。

很多這一行最頂尖的網紅都召集了一小隊人馬，裡面包含一到全部五大成員在內：

1. **助理：**他負責回覆email、預訂旅遊行程，並盯緊編輯行事曆。他通常是拿時薪。或者，那個人也許是你媽，超級高興你終於離開她的沙發。

2. **經理：**他會給你生涯建議、監督團隊裡的其他成

員，並幫助你把你的品牌擴展為美妝產品、與時尚跨界合作，以及在目標百貨的系列產品。很多網紅的經理之前是會計師或律師，因此，他們也常幫助客戶處理這些領域的問題。他通常是按你年收入的一個百分比（15%到20%）收費，因此，確保你成功對他最有利。

3. **公關人員**：他讓你得以常出現在鎂光燈下，並尋找上媒體的機會以提升你的知名度。他通常是簽長期合約，因此是按 X 小時的工作付給他 X 數量的金額。他想要你成功，因為如果你不成功，你就沒錢支薪，然後便得讓他走人。

4. **律師**：他察看你的所有合約並協商你的條件。他也要確定你的專有權不會彼此重疊。他通常收取高到不合理的時薪，而你會付給他，因為不管他開價多少，都還是比付錢了結官司便宜。

5. **經紀人**：他有時候要做前面所有的事情，端看他的公司規模大小，或他是否有自己的經紀公司。他的工作是確保你接下行銷活動，因為只有你接下活動，他才能拿到酬勞。他通常收取他幫你談成的每筆交易 10% 到 15% 費用，雖然加州限制他只能收 10%。他是這份工作人員名單上最重要的一個，所以，我們要用這一章接下來的篇幅談他。

好的、壞的和醜陋的

經紀人是我的家人，因為我整天都在和他們講電話、在會議之間發email給他們，和他們吃午餐，從失敗的品牌聊到我們最喜歡的網紅。

經紀人是很重要的資產，因為他們和那些要付錢給你的人保持密切聯絡。有次，我正在籌辦一個行銷活動，需要想辦法找到一個很上鏡的漂亮女孩，而且動作要快，因為不到一星期就要拍攝了。我花了好幾天搜尋Instagram和YouTube，找到好些我喜歡的女孩，但這個廣告主沒有一個喜歡。亞伯拉罕藝術家經紀公司的潔德告訴我，我應該考慮剛嶄露頭角的丹妮拉·柏金斯（Daniella Perkins，@daniellaperkins），而她正是我要找的人。超級可愛、笑容甜美、性格超好，而且有表演經驗。我喜歡她，編輯喜歡她，廣告主喜歡她。對所有參與活動的人來說都是勝利，而靠我自己，絕對無法及時找到她。

但每三個我喜愛的經紀人，就會有一個讓我抓狂，以下是五大原因：

1. **他不會及時回覆email或電話。**當你整個工作內容就是幫客戶以email和電話接下工作，而你兩樣都不

做，那你就是個很糟的經紀人。雖然，我痛恨在我給出初步提案後不回應的經紀人，但這種我還可以應付。如果是那種當我們在協商過程中，他消失了三天，或是我們的拍攝／最後期限快到了，而他毫無回應，我可能就直接認定他的客戶不值得我承受他造成的壓力，而終止合作。

2. **他為了五塊錢和我爭。**和經紀人一步一步搞定合約，完全不是我愛做的事情，因為，他們有些人不知道自己何時已拿到好條件，應該直接簽名。我完全理解他們努力要為自己的客戶拿到最好的條件，而交易的價碼愈高，他們就賺得愈多，但如果你一直得寸進尺，反而會扼殺這筆交易。

別當那女孩

我和某個經紀人合作一個預算相當高的行銷活動，她們一開始開價 10 萬美元，但那個網紅的身價絕對沒有那麼高，所以我拒絕。再說，我也沒那麼多錢，但沒有理由要讓她們知道這一點。

我們最後講好 7 萬 5000 美元，並準備草擬合約，但經紀人還有最後一個要求：我也必須讓一個狗保母

搭機過來照顧這個網紅的愛犬。等等，現在是什麼情況？我將要付給這個女孩7萬5000美元，而她沒辦法找個人，在她飛到紐約的二天期間幫她照顧狗？我說不行，並且告訴她我的預算已經到極限了。也許她的客戶是超級天后，而且真的這樣要求，但那樣的話，經紀人應該從她的7500美元佣金中支付狗保母費。她很可能以為我在虛張聲勢，所以告訴我，除非我讓狗保母飛過去，否則交易取消。嗯，你猜結果如何，交易取消了。

當她明白我不是在唬爛時，我幾乎可以透過email，聽到她在美國另一頭尖叫抓狂，但我真的沒剩半毛錢。想像一下，你必須告訴客戶，你因為一張675美元的機票，反而損失了6萬7500美元的收入。

3. **他說網紅沒興趣，但我知道她有，因為我自己問過她了**。有時候，經紀人會忘記這一點：在他們簽下他們的客戶之前，也有其他人和這些網紅合作過。我認識很多網紅，而且，她們其中很多在追蹤者人數還不到10萬時，我就認識了。我也幫她們很多人找到第一份行銷活動合作案，或者介紹她們認識經紀人，我們

的交情就是那麼好。我常和網紅喝咖啡，看她們最近在忙什麼，她們接下來要去哪裡，還有她們是否有任何想合作的品牌。我把所有的資訊都存在一個資料庫裡，因此，如果有個機會出現，我知道要推銷她。

有時候，有個網紅在我們喝咖啡時提過的品牌出現在我桌上，我就會聯絡那個網紅的經紀人，看她是否有空接那個行銷活動。經紀人可能會告訴我，廣告主和網紅的形象不符，所以他打算跳過。我會知道這是鬼扯，並告訴經紀人，不管怎樣還是問一下網紅。你看，網紅想要接，我們可以開始談了。

4. **在我們已經談定費用之後，還提出額外要求。** 很少有事情像從中搗亂、破壞已經談好一切的計畫更讓我火大。如果，我們已經敲定所有的細節，並達成雙方都滿意的價錢，應該就沒什麼事能讓局面翻盤，讓我們重頭再來的了。但有些經紀人會遺漏事情，直到碰上最不利的時刻才會記起來。

🗨 別當那女孩

我有次談一份合約，經過幾天的協商後，終於確定了費用。我開始草擬合約，經紀人隨口說出，網紅

也要求要搭商務艙。她後來又問說，網紅是否能住某間特定的飯店。小姐，如果我早知道還得多出3500美元的旅費，我就會少付你很多錢。我甚至沒法說不行，因為，這個網紅是廣告主的第一人選，而我已經告訴它，她願意接了。如果我的預算很緊，我現在知道這個經紀人不是好的合作對象，因為她會拉高費用，然後把帳單留給我。

5. **他沒有和網紅再確認過就說他沒空。**巴赫華德經紀公司的麥克斯（Max）是我最喜歡的經紀人之一。他的客戶都愛他，因為他會把每一份提案都拿給他們看，並讓他們參與決定過程。我喜歡這種做法，因為何必讓其他人阻止你獲取酬勞呢？也許，你通常不會和XYZ品牌合作，但它才剛找了你最愛的名人當代言人，所以你有興趣。或者，也許它家的睫毛膏很糟，但你是它家眼線筆的超級愛用者。人們的想法一直在變，因此，你的經紀人永遠不該代替你拒絕活動邀約，除非是因為專有權的問題。

我記得寫email給一個網紅和她的經紀人，談我正在找人的行銷活動。我真的很想要這個網紅參與這次行銷活動，但我們的工作時程排得很滿，而且必須在特定日期拍攝。她的經紀人很快回覆我，說她們得放棄，因為她的客戶在拍攝期間人在國外度假。而我還來不及回信，這個網紅就介入了，說她會提早回來，這樣她就能參與活動。她的經紀人差點讓她損失10萬美元，只因這人以為她不想縮短假期。顯然，她的經紀人不了解，10萬美元是筆足以讓幾乎任何人返回工作崗位的錢。

找到那個人

經紀人可以做很多事傷害你的職業生涯，所以選對人超級重要。不管是他們找你，或是你找他們，這都是你職業生涯的關鍵時刻，因此，要以你接受一份工作之前，先搜尋該公司資料的精神，來看待找經紀人這件事。

看完整的客戶名冊

你是否專注在美妝，但他的客戶全在時尚界？你是否認為自己是「小眾共鳴型」的網紅，但他的客戶卻是更渴求功成名就型？你是個部落客，但他的名冊上卻多的是影音部落客？這些都是要問你自己及經紀人可能人選的好問題。和名冊上的所有人都不一樣，有可能既是祝福也是詛咒。

如果，有人正在找一個大尺碼部落客，而你是他名冊上唯一一個，那麼他每一次都會極力推薦你。然而，很多經紀人把時間花在和那些與他們的客戶群一致的人建立關係。因此，如果他們的名冊上都是旅遊部落客，他們也許和居家裝潢空間的關係沒那麼強。另外也很重要的是，別忘了，經紀人會把自家客戶打包推銷，意思是，你很可能會發現自己和他們其他客戶參加同一場行銷活動。如果，你看一下名冊，上面是你死也不想同處一室的女孩，這很可能就不是適合你的經紀人。但如果，他們的名冊上滿是在你看來#內容導向（#contentgoals）的女孩，那麼，叮、叮、叮，你找到了！

與經紀人面對面

我知道不少人透過email和他們的經紀人聊過後，就和對方簽約了。那樣建立起來的工作關係，有些結果還可以，但對我來說，聽起來就是很嚇人。那是個要行銷你並幫你協商條件的人，你絕對應該和他見個面，或至少視訊聊聊，看看你們是否有共鳴。

要求和其他客戶聊聊

找出經紀人是何種人的最好方法，就是和他其他客戶談談。你可以問些關於經紀人溝通風格的問題，還有他們是否普遍都對經紀人接下的行銷活動感到滿意。你也可以問其他客戶，是否有其他經紀人與他們接觸，如果有，他們為什麼會留下來。

要求看合約

我們談過在接受活動提案前，看過所有細節有多重要，這裡也是一樣。經紀公司要收取你收入的多少百分比？你多久會收到一次款？程序是怎樣？有些經紀公司是由廣告主付款給它，然後它再付給你，有些則是讓廣告主把請款明細分成二部分，並直接付款給你。我聽說有的經紀公司會一直等到你賺進一定金額後，再開張支票給你，

但我從未親眼見過這種運作方式。如果，你在考慮的經紀公司是這樣執業的，好好仔細看看那個金額，因為這可能表示你要接很多工作，才能看到一毛錢進帳。

查看工作資歷

他在這一家經紀公司待多久了？他們所有人在一行待多久了？他有良好人脈，還是相較下是這一行的新手？如果你在找經紀人時還是個小咖（追蹤人數在 25 萬及以下），把你分配給一個較資淺的人很合理，但你仍應盡職調查，並上領英蒐集他的資料。當你登入後，查看他同事以及公司創辦人的檔案，**並**上網仔細搜尋（一路看到Google 搜尋第五頁那樣仔細）。你可以推估出他的權限層級，然後判斷他是否為正確人選。

◎ 網紅洞見

在當數位內容創作者和品牌網紅大約三年後，我採取下一步，和一位經紀人簽約。我找經紀人大約找了一年，有幾個經紀人和我聯絡，但沒有一個感覺合適。然而，當布莉塔妮介紹我認識碧西唐娜·亞莫露瓦（Besidone Amoruwa）時，我立刻知道就是她了。

有幾件事幫我做出決定。首先，自從布莉塔妮努力促成我在赫斯特集團的第一次合作案，與Elle.com及媚比琳合作後，我就信任布莉塔妮的建議，而且她在業界已有多年經驗。再來，我和碧西唐娜一見面，我就立刻和她有私人生活上的連結並信任她。有一個把你的最佳利益放在心上，並且真的想要幫助你在個人、財務以及作為一個品牌上都有所成長，這是非常重要的。

　　我的經紀人也有很多與不同品牌與人才的合作經驗，而我知道這是非常有價值的事。她也告訴我，她不但會去談我的合約和合作案，而且還會盡力推銷我！

　　擁有經紀人真的幫助我進入下一階段，為我打開我原先無法獲得的機會，並幫助我成為更優秀的網紅。我超級感謝有經紀人，如果可以的話，我絕對建議找一個！

—— @heygorjess

你願意當我的經紀人嗎？

　　前面這一切都基於假設經紀人灌爆你的私訊匣，努力要讓你和他們簽約。但如果是你要把自己推銷給經紀人呢？

了解經紀公司的利基

　　每家經紀公司都會有網站，你可以查看它們代表的人才種類，有些甚至列出它們的名冊。如果它們沒有網站，上網快速搜尋一下，會幫助你弄懂它們最重要的一些成員是誰。如果，一家公司只代表媽媽部落客，而你離生小孩還有好多年，那它很可能就不是適合你的經紀公司。但如果你看過它們的名冊，覺得你可以幫助它們填補某個利基市場，那真是很值得注意的一點。

找到最佳聯絡人

　　很多公司都有個人才部門的負責人，那是你想要推銷的對象。找不到他？寄封email給執行長，通常就能成功找到對的人。一個更好的接觸方式是透過共同的朋友介紹。那正是這整個人脈關係發揮作用的地方。你當然認識**某個人**可以為你背書，告訴這家經紀公司，有你這個客戶是多幸運的事。人際網路是很好的反向操作資源，看看誰能把你介紹給你一直打算見的某個人。找出那個人，並提議付你第一場行銷活動的10%給他。推薦轉介的獎勵大有幫助！如果，你誰也不認識，就該是打入研討會圈子的時候了。如果，你住在一個小地方，接觸不到這些研討會，不用怕，一封寫得很好的自薦信會發揮很大的作用。我曾

和突然寫信給我的人見面並簽下他們。如果你有才能，只有傻瓜才會不先看看你能貢獻什麼就略過你。

全力以赴

現在該是把那些我們在第四章做好的新聞資料準備好的時候了。用一封不錯的介紹信告訴經紀人你是誰、為什麼你會對他們的名冊大加分、你部落格的連結、社群媒體的帳號、單張新聞稿，還有新聞資料袋，這樣應該足夠。把他們的名字拼對、公司名寫對，並確定你的信簡短而宜人，還有所有的連結都有效。記得告訴他們你會在二星期內再聯絡，看看他們是否有興趣。他們也許很忙，但你也是，在你沒有經紀人的每一分鐘裡，都有某個女孩接下原本屬於你的行銷活動！

💡 **專家撇步**

我會尋找有互動的內容，以及我個人會想看的內容。網紅應該主動和經紀人聯絡，畢竟要找到一個經紀人的email，然後快速寄封信很容易。這不該是大量寄發的信，而是特定給那個經紀人的內容（提到其他客戶、特定的交易等等）。務必把你平台的連結放進去！

——潔德·雪曼（@jadesherman），亞伯拉姆斯藝術家經紀公司經紀人

卡拉・山塔納

...

@caraasantana + caradisclothed.com

你很可能從她與茱兒・巴莉摩（Drew Barry-more）合作的網飛（Netflix）影集《小鎮滋味》（*Santa Clarita Diet*）、《塞勒姆》（*Salem*）或《CSI犯罪現場》（*CSI: Crime Scene Investigation*）認出卡拉・山塔納。你也可能看過她和傑西・麥特卡爾菲（Jesse Eden Metcalfe）在 Instagram 上過著夢寐以求的人生。或者，你可能下載了 The Glam App，一家由她創立、規模不算太小的公司，提供女性豪華級隨選美妝服務。不管你是從哪裡認識她的，她正在征服世界，而且在這過程中看起來豔光四射。

關於把寫部落格當作第二職業

就這件事來說，我從來沒有決定要成為部落客。在我推出時尚部落格「CaraDisclothed」時，我的穿著打扮受到很多關注。透過我的人際關係和媒體的興趣，我的穿衣風格尤其成了年輕女性的關注焦點。我喜歡和其他女性就流行風格公開對話這個想法。

身為演員，你的穿著和你所傳達出的美學印象，是發展一個角色的最初幾個面相之一。所以對我來說，時尚和我的演員生涯有密不可分的關係。最終，這個產業逐步演變，並透過數位平台發揮影響力，成為一門大生意。我很高興女孩子成了她們自己線上雜誌（也就是部落格）的編輯，並直接接觸投資自己穿著的消費者。我的部落格名稱是一個朋友取的。那是個雙關語，剖析並拆解你的穿著，仔細研究它對你的意義或傳達你是個什麼樣的人。

關於創作高品質內容

你勝過其他人的一樣東西就是你的觀點，你的獨特性。所以，我總是問自己：「我所做的事情符合我真正的個性嗎？」如果不是，我就不做。你必須忠於自我。現在的觀眾很有識別力，如果你不真誠，人

們會立刻看穿。因此，這一點比什麼都重要。

第二，知道你自己的專長和弱點。一旦你確認出這些後，找個強項正是你弱點的人。舉個例子，我不會編輯照片，所以我就僱用一個人〔凱倫・蘿莎莉（Karen Rosalie）〕，她懂我的審美觀，負責處理我的內容編輯工作以符合所需。這沒什麼好丟臉的。這是個大企業，沒有人能獨力經營出成功的企業。

最後一點，拒絕比同意的力量更強大。站穩你的立場，維持你的價格，知道自己的價值。說「不」可以累積自己的資本。

關於頻繁旅行

奔波於旅途是種祝福也是詛咒。我喜歡旅行的經驗，接觸陌生而不同的文化與經驗，然而，有時候也可能很寂寞難熬。我通常和助理一起旅行，以確保我能維持工作量，因為我不僅是The Glam App的創辦人兼執行長，還是個演員，而有時候，我會帶著我的攝影師。我喜歡和未婚夫同行，而且只要可行，就會帶我的狗去，這樣我才不會太想家。

在參加工作量很大的活動時，我會事先拍好

內容。通常，我會做出六星期的內容，這樣就絕不會斷糧。我們有一份編輯工作日誌，可以用多種方法來彈性調換內容。我也盡可能努力平衡我的工作時程，這樣我才不會失去熱情或累過頭。這份工作包含很多事情，從與經紀人、經理和公關人員協調，到定時程表、拍照等等，就像一部機器不斷運作著。

關於貼出和你的未婚夫
——演員傑西·麥特卡爾菲在一起的內容

很多人覺得，關於他的貼文，我貼得不夠多。在不要利用我們的關係、維持演員的一點匿名性，而仍能真誠地與人們互動之間，肯定要有一種平衡。我努力讓它真實不做作，不要讓它成為我限時動態的焦點。如同其他所有事情，這都是有策略的。但如果我真的貼了關於傑西的內容，那照片肯定是經過他同意的！哈哈。

關於採取下一步，創立 The Glam App

我沒有美妝、科技、商業、金融或任何其他真的和創業有密切關係的知識背景。話雖如此，我

努力工作，專注目標，並在需要時徵詢建議與專家意見。建立一支擁有各種強項技能的團隊是根本要素，而不害怕失敗更是關鍵之一。如果，我早知道要花費何種代價，我絕不會做，不過我的天真贏了。但隨著公司規模擴大，我更注意要專心投入，並學習我原先不知道的事情。

我想，我會給任何想冒險創業的人的最大建議是，聚焦在你努力要做的是什麼，也就是你的任務宣言上。以此為起點，讓你身邊都是與你的能力平衡，且不會把你的批評認為是針對自己，而是會認真以待的人。生活與工作是個演化發展的過程，你必須放開心胸迎接旅程。

關於女性主導影響力行銷

我喜歡女性主導這個領域。那是我們唯一主導的商業競技場之一！我以我的朋友和同事為榮，她們為自己鋪好了創建這個永續且有獲利的生意之路。她們是企業家、商人，她們有創造力、會表達，更是計畫周詳地做著她們熱愛的事情。

當然，透過鏡頭過生活，可能會造成現實的扭曲，因此，平衡真實與虛構才很重要。我看到很多女

性特別注意要秀出她們生活更為完整且真實的一面。然而，我們是藝術家、內容創作者，就像創作一部電影一樣，你剪掉不是最好的部分，這不會讓它變得不夠真實。人們想要看到成功的形象，而我們——網紅和廣義的社會，有責任教導年輕女性要有務實的目標與期望。藝術與商業永遠需要平衡。

關於後見之明

回顧過去，我要告訴年輕的自己：「別拿自己和別人比、別批評自己——儘管做你自己！」

PART

規劃你的未來

1,169,548 位追蹤

目標

如何做好下一階段的準備？

一旦你成了貨真價實的網紅後，你會不斷問自己，再來呢？在一個你實際上等同於你最新六篇貼文的產業，你必須一直費心尋找吸引廣告主及增加你個人品牌價值的方法。網紅要有長遠的生涯有三個步驟，在這最後一章裡，我們會詳談如何贏得回頭客、獲得長期的行銷活動以及大使工作，還有自己開始創業。

在與網紅合作行銷活動案時，我會很高興他能做到最低限度的工作：適時回覆email，創作出色的內容或在拍照時親切宜人，而且準時提供所有依合約必須完成的事項／貼文。但你知道我最愛的網紅

是誰嗎？那些我願意一再簽下的人？是那些做得比預期更多的網紅。我從來不認為「不過度承諾而表現超乎預期」是好的職場座右銘，但他們肯定很懂「表現超乎預期」這半句。

幾個月前，我上班時正在看信，不是email，而是郵局送來的實體郵件，我發現一封我之前簽過的網紅寄來的感謝函。那真是封令人非常愉快的美好短箋，我把它放在我收到的另外二封感謝函旁邊。我曾簽下數百個網紅，而我就只收到三封感謝函。三封。你必須寄感謝函嗎？當然不用。但你應該要寄嗎？肯定是。如果，其他所有條件都一樣，我會推薦那個每次都寄感謝函的網紅。

像一封短箋這樣的小事，都可以讓一個人有個愉快的一天，那麼想像一下，當你提供廣告主它們沒有支付費用的額外內容時，你會得到的分數吧。當我收到感謝函時，我在辦公室裡突然跳起舞來，還跳完整套舞步，而網紅幾乎不需要做額外的工作。以下還有一些例子：

- **提供我們一份情緒板。**當你在構思要為行銷活動拍攝什麼照片時，你反正會規劃所有的細節。你會發想關於髮型、化妝、服裝和拍攝地點的靈感，而情緒板是一份告訴讀者，你對拍攝成果有何想像的文件。你

的創作靈感來源是個快樂的加州海灘女郎，還是較為堅毅、來自紐約街頭風的啟發？它有助所有人達成共識，而若你未能正確呈現，也能修正方向。我永遠忘不了當我為一個行銷活動簽下 @scoutthecity 後，在她開始拍攝前，她寄了一份情緒板回來。我把它分享給客戶看，他們不但極為興奮，而且直接簽下她參與之後的行銷活動。

- **額外多拍幾組照片並寄回。**如果，我要求你為一個行銷活動寄六種不同表情的照片來，而你寄了八組來，你等於是讓每個人的日子都好過了。不單是我的團隊有更多照片可以選，而且我們也可以告訴廣告主，我們能以同樣的價錢為它多拿到二組照片。如果，你是把內容貼在你自己的網頁上，而你可以多加一個部落格貼文，做吧。也許它僱用你寫的清單體文章（listicle）是「一套洋裝五種穿法」，但你也可以寫一篇「每次旅行我都要帶的七樣單品」，並讓洋裝成為其中一樣。你已經寫了那篇文章，但現在你給了廣告主另一個宣傳的機會。沒有人會對此生氣的。

- **多加一篇貼文或 Instagram 的限時動態。**我較常和網紅簽的合約是一篇貼文，因為，通常任何額外的要求都會超出我的預算。「接管」是在 Instagram 引起注目的

好方法，是指一個網紅連續發表三張照片／影片，而稱為接管是因為，品牌已「接管了」這個網紅動態消息的最上面一排，這不只聽起來很貴，也確實要價不菲。所以想像一下，當一個網紅只有義務貼一篇文，而她貼了三篇時我有多高興。每篇貼文不見得都要是正式行銷活動的一部分，你可以把它們放進你的定期發表時程中。我有次為了一個女用手提包的活動僱了個網紅。她發表了官方的照片，但也發表了一張她自己拿著那個手提包去城裡的非付費照片，還有一張在餐廳裡，她的手提包放在桌上的照片。客戶完全高興到瘋了，直接送了她一個手提包當禮物。有時候，你沒有空間再加一篇貼文，但別擔心——Instagram限時動態也一樣好。一個我為某個行銷活動僱用的網紅隨機發表了一篇穿著廣告主洋裝的非品牌贊助限時動態，結果廣告主要我保證，它之後每次行銷活動都要有她。一個免費的包包和工作保證換幾篇貼文？在這二個故事裡，這二個網紅肯定得到終極勝利。

正式定下來吧

你可能想知道，**什麼時候是和廣告主談長期合作關係的最佳時機？**答案是，在它們對你上次行銷活動的成功還

記憶猶新時。如果，你履行了合約規定的義務，而且還多做了些，那你至少在72小時內是我最愛的網紅。但不要只是提出一般性的要求。此時調查和策略是關鍵。當大家都開始談論時裝週時，告訴廣告主，你很樂意當它的特派員，你會在那一整個星期裡，讓一件服裝或美妝產品出現在X張照片中。如果它的年中慶快到了，建議在折扣檔期開始前一個月和它合作，以便向你的追蹤者宣傳並預告一些可以買得到的好產品。看一下廣告主過去做過哪些促銷活動，想想你有什麼可以端上檯面，能夠讓活動更好的資源。

要想得到更長久的合作關係或是最終當上品牌大使，可以想想你的觀眾會關心的人生大事。如果，你準備接下來一年要整修家裡，和勞氏公司（Lowe's）、家得寶（Home Depot）或Wayfair公司推銷這個計畫，看它們是否要成為你居家整修的正式合作夥伴。為了交換產品和金錢補助，在更新你家的裝潢設備時，你只會去逛它們的門市，而你的觀眾會一直被提醒，X廣告主是個它們可以找到任何所需物品的好地方。懷孕了？從宣布你懷孕到新生兒的第一張照片，找像孕婦裝公司Destination Maternity這樣的品牌合作。它也和母嬰產品公司buybuy BABY有合作關係，所以，如果孕期的合作很順利，那麼你就可以談你當新手媽媽第一年的合作關係。

打開你的新聞資料袋，加一個新單元詳述這個合作案，包含期間多長，它們會拿到幾篇部落格文章／影音部落格影片，還有Instagram貼文的數量。寫下其中幾篇文章的標題和摘要，並略述你會舉行的任何比賽或抽獎。讓它們了解，這項合作案為什麼可行，還有為什麼你的觀眾會喜愛。除了價格之外，把一切都告訴他們。太低，你就低估了自己的價值。太高，你會讓自己乏人問津沒有市場。你想要讓它們對合作案感到興奮，因為那會是互惠的。你可以晚點再來敲定細節。如果，你擔心它們會剽竊你的點子，不需要。特別的不見得是點子，而是你的審美觀、你的觀眾和你的夢想。不要把事情想成，為什麼這個點子可以成為很棒的行銷活動，而是仔細想想，為什麼你是執行計畫的最佳人選。

　　不斷想新點子很累，但沒有人比你更了解你的觀眾，所以，做調查、發揮創意，然後不斷推銷點子。品牌和你的觀眾都會為此感謝你的。

合作

　　任何網紅的大日子之一就是，他們拿到了和某個品牌的重要合作案。賈姬・安娜（Jackie Aina，@jackieaina）是個以評論美妝產業的排他性行為而出名的網紅。在她

30歲生日時，她宣布和雅詩蘭黛（Estée Lauder）旗下品牌Too Faced化妝品合作，拓展它的Born This Way粉底霜系列產品，而且要設計出更深更濃的色調。瑪莉安娜·休薇特（Marianna Hewitt，@marianna_hewitt）以她在Instagram上的樂觀派動態消息而聞名，她和總部在紐約市的配件品牌Dagne Dover合作一個「羞紅與薄暮混合的暖色調個人時光膠囊系列」手提袋。

你很可能聽過蜜雪兒·方（Michelle Phan）的Em化妝品公司，以及柔伊·薩格（Zoe Sugg）的Zoella美妝品牌，但還有很多網紅運用她們在網路上的成功創造並行銷產品。夏拉·蜜琪兒（Shayla Mitchell）和媚比琳合作，賈桂琳·希爾（Jacklyn Hill）和美妝品牌Morphe及Becca合作，卡莉·拜波兒（Carli Bybel）和BH化妝品合作。凱薩琳·傅恩提（Kathleen Fuentes）自創「KL Polish」指甲油，而蘿拉·李（Laura Lee）則創辦了「Laura Lee Los Angeles」，這是一個不用動物實驗、純素的化妝品系列。

你不需要成為大咖網紅，才能嘗試談合作案。有很多較小型的品牌會很樂意和願意推廣聯合品牌產品的網紅合作。花時間尋找小型的護膚／化妝／香水公司和服裝／配件設計師。就像你會整理出一份長期合作關係的說帖給品牌一樣，寫一份和這個品牌的合作提案。你可以提供什

麼樣的專家意見或特殊技能？你怎麼知道這會引起你的觀眾的共鳴？為什麼你是這個合作案的最佳人選？用你對它們這個產業的知識，以及你對它們的品牌和目標所做的研究，讓公司老闆驚豔吧。

建立人脈是關鍵。無論你是在建立你的社群、包裝你的品牌、從你的影響力獲利，或規劃你的未來，人脈是貫穿影響力行銷各階段的重點。

> ### 專家撇步
>
> 影響力的基本公式是 P x N，說服力（persuasiveness）乘上人脈（network）。如果，你正在讀這本書，而且你想要成為或已經是個網紅，那麼很可能你憑直覺就能比 99% 的人都更了解這個公式的作用。就算你只有 5000 或 1 萬個追蹤者，你也已經有了人際網絡。如果，你還沒有達到目標，你會達到的。不管你在這段旅程的哪裡，你知道要採取什麼步驟。你是個網紅，其他人都不是。
>
> 在這個過程中會出現愛攻擊別人的黑粉。他們是不對的，有些會想辦法激怒你。只要知道這點，我可以很肯定地告訴你，因為我從一開始就跟上影響力行

銷的腳步，和很多網紅聊過，而且和各種業內人士聊過：情勢是對你有利的。

人們才剛開始了解網紅能做什麼。你現在是個網紅，在這個當下、在這一切剛開始的時候，這個事實就已顯示出你受到眾人青睞。那種優勢會持續下去，因為，對網紅的認同現在才剛開始。

——亞歷山大·H·漢納希（Alexander H. Hennessy，@mralexanderhennessy），CreatorsCollective 共同創辦人

我在這裡概述的也許看起來像是高高在上的目標，但記得，每個你看到達成極大成就的網紅，都是從零個追蹤者開始的，包括我們所有的指標人物。她們必須犯錯，並且透過自己的痛苦經驗來學習。你不但可以從她們的職涯規劃中獲得鼓舞，而且你還有這本書可以指引你。如果，你現在正起步，你也許覺得你趕不上這場盛宴，但你錯了。還有成千個品牌正在努力搞懂影響力行銷是什麼，以及另外數百個品牌每年花上百萬美元在行銷活動上。你正在爭取一小塊派，但那塊派餅只會愈來愈大。我們開始工作吧！

蘇娜・葛絲帕里安 ...

@sonagasparian + simplysona.com

　　蘇娜是個一流的網紅，我每次和她合作，我同事和客戶都對她讚譽有加。她有一種和她的觀眾建立良好關係的本事，而這和她的美妝學院背景和當過專業化妝師的經歷很可能有點關係。她有自己的化妝產品系列「Persona Cosmetics」（可上personacosmetics.co 或 Ulta 彩妝沙龍購買），而這才只是起步。她的品牌也許叫「Simply Sona」，但她可一點也不簡單。

關於你所選的部落格名稱

　　這是對我來說最困難的決定之一。我想要我的

部落格名稱非常熱情友善且易於接近，而不是令人懼怕且評論過於正式嚴肅。我想要我的部落格是個，一般女性能得到關於美妝、時尚和生活風格的有用情報之處。我把它命名為「Simply Sona」，因為聽起來很友善、吸引人且能引起共鳴，這是關鍵。

Simply Sona 會隨著我進入人生的不同階段而逐漸進化。雖然，我的專長在美妝，但我想和我的讀者分享我人生的其他層面。我分享時尚貼文，因為我158公分高（狀況好的話），而和個子嬌小的追蹤者分享時尚情報超級好玩。我之所以決定要在部落格增加一個生活風格的類別是因為，那是我和讀者可以更親近的地方。

我在「和蘇娜共度周日」（Sundays with Sona）這個系列裡聊我的奮鬥、掙扎。我分享我的個人故事，從身為一個努力融入的移民，到對抗嚴重粉刺。你會驚訝於有多少女性認同我的故事，覺得和我關係更親密。我不想要人們看著我的部落格或 Instagram 的動態消息，然後覺得：哇，她的人生真完美。我要大家知道，我是人，有我自己的不完美和惶恐不安。

關於你的 Instagram 頻道

我以前對我的 Instagram 非常挑剔，總要確保動態消息都經過仔細篩選和安排，但我已經完全改變那個做法。我想如今人們要找的是更為真實的內容。我甚至意識到，我厭倦了篩選安排好的動態消息，我更想看到率真的貼文。我藉由分享能引起共鳴的高畫質影像來平衡這一點。我不再像過去那樣花那麼時多間拍花俏的平鋪式構圖照片，因為把化妝品陳列得那麼完美是不切實際的。

至於置入性內容，我總會確保我的追蹤者能從中得到什麼。例如，如果我要推銷一款髮膠，我一定會給大家一些如何設計出某種髮型的祕訣，而不是只說我有多愛這款髮膠。我會自問：「我要用這張意象傳達什麼價值給我的追蹤者？」這幫助我想出能讓我的追蹤者和品牌都受益的創作概念。

關於在鏡頭前表現絕佳

我想專業來自準備，而我對於受僱的專案總是讓自己預先做好萬無一失的準備。當我四年前開播 YouTube 頻道時，我非常害羞，而且很怕在鏡頭前

呈現自己。我聽起來好像一個機器人在分享美妝情報和祕訣。在我對做自己較為自在之前，我實在不覺得和我的觀眾有私人情感上的連結。因此，我最重大的祕訣就是做你自己同時保持專業。

當我拍影片時，不管內容是否是置入性，我都是百分之百真實。如果，你掉了一隻刷子或唸錯某個東西的名稱，接受狀況並加以改正。你無須把這段剪掉。如果，你願意展現出真實自我，人們就能和你有更親密的連結。

關於成為一個行家

我去上美妝學院，因為我想成為專業的化妝師。當時，我身邊沒有YouTube可看。上了美妝學校讓我更有自信，但回顧過去，學校真的沒有教我很多。我的大部分知識是從在MAC工作和當一個自由接案化妝師而得來的。

在我當化妝師的時候，我開始熟悉不同的膚色和膚質，因此，我可以真正學到什麼樣的妝容適合哪些人，哪些不適合。這個經歷幫助我分享知識性的祕訣給我的觀眾。我想，上美妝學院並非必要，尤其是現在你可以在各種平台如YouTube上學到一

切知識技能。我的確認為熟能生巧，因此，當店員很可能是學習和嫻熟手藝的最好方式。

關於和另一半一起工作

KB（我先生）在 Simply Sona 這個品牌中扮演了很重要的角色。當我剛起步時，我加入了一個多頻道聯播網（multi-channel network，簡稱 MCN）[16]，我的經理除了我之外，還有另外 30 個頻道要管。我很沮喪，而且我的信件都沒人處理，最後我只好離開。而 KB 出手介入，處理所有想和我合作的品牌的詢問訊息。這樣很好，因為我們和所有品牌直接接觸，不用透過「中間人」。

我最近和一個知名的經紀公司簽約（是我職業生涯中最糟的決定之一），一年後我離開了。到頭來，在這個新領域裡，很難找到適合的團隊來代表你和你的品牌完整性。這是個新的產業，有些從業人員可能會忽略它的錯綜複雜，而只看到有利可圖的那一面。

---

16 是與多個 YouTube 頻道結盟的第三方服務供應商，提供觀眾開發、節目內容規劃、創作者協作、數位權利管理、營利，和／或銷售等多種服務。

關於和配偶或伴侶一起工作，我的最佳建議是定出界線並分配責任。我們「努力」不要在每天晚上七點後談工作。

關於和黑粉打交道

在這一行，我學會低頭避開麻煩，做我自己的事。我對每個人都很友善，但我不讓自己和他們太親近，因為我以前被傷害過。很遺憾，每一行都有妒忌、猜忌，我這一行也不例外。至於來自大眾的負面留言，我很幸運有很成熟的觀眾。我往往只會收到來自訂閱者的建設性評論，我真的很感激這一點。

關於進入下個階段

2016年12月，我在先生的幫助下，推出了Pérsona Cosmetics。在社群媒體出現之前，擁有我自己的化妝產品感覺是個太大的夢想，但我很快了解，沒有夢想會太大。我真的覺得，我在美妝產業能提供與眾不同的東西。

我發表了一款專為棕色眼睛設計的中性眼影盤，作為我們的第一項產品。中性眼影盤也許有上百種，但市面上沒有一種像這個——一個專為加強

棕色眼珠而設計的眼影盤。這項產品的成功真的很了不起，讀著所有來自顧客的評價和回饋意見，仍讓我情緒激動。

最大的美妝商店之一，Ulta美妝注意到正面評價，而挑選了Identity眼影盤上架。很棒，對吧？從那之後，我們的品牌持續成長，也正在開發數項產品，在2018年推出。

雖然不知道未來會怎樣，但我知道我才剛剛開始。每一年，我都要持續再努力些，讓我的夢想成真，同時希望能有小孩。我認為，有遠大的夢想很重要，但最重要的是設定目標並努力實現。如果，你不採取必要的行動讓夢想成真，夢想就什麼都不是。設定朝夢想前進的務實目標，並且，一次一個任務地，把它們從名單上劃掉。同樣重要的是，你身邊要有一群相信你的願景並想要加入旅程的人。

關於女性主導影響力行銷

我覺得，有那麼多來自像Instagram和YouTube這樣平台的女性成為成功的企業家，是件很棒的事。我的確認為大部分的網紅，包括我自己，有時可能透過編輯照片帶給女性不切實際的目標，但我

也相信，人們現在正在學習使用我們用來編輯照片的眾多app。

　　很多網紅對自身的編輯技巧都不藏私，我甚至分享過一整篇貼文，談論我如何編輯我的Instagram照片，以及我如何套濾鏡來創造一致的配色。我的讀者真的很感謝我這麼做，因為這讓他們深入了解我如何創作內容，也讓它變得很真實。找到過度編輯與不修飾內容之間的最佳甜蜜點是關鍵。不經過編輯，你就不會有視覺上吸引人的影像。我要告訴有志成為內容創作者的人，要忠於他們自己同時仍要創作有品質的內容。

關於後見之明

　　在初期，我希望我知道要做自己，同時對我的觀眾更加開放。此外，我希望我和我的內容更加一致。現在的市場非常飽和，你必須堅持一致，並讓自己與眾不同。我給有志成為網紅的人的建議是，不要想太多。雖然，我認為設備（相機、燈光、麥克風等）很重要，但還有很多其他的事物，在你頻道的成功上占有一席之地。

　　你一定要找出你能帶給觀眾什麼不一樣的東

西。可能只是小事，例如，開一個講不同語言的頻道或是有個獨特的開場介紹詞。做自己，並且和人們建立良好關係。

結語

...

　　「為什麼不是我？」是我最常問自己的問題。即使是像把名片投進魚缸中，就能參加抽免費午餐的機會這種小事，我也總是告訴自己：「他們必得選一個人，為什麼不是我？」我想，這是為什麼我的事業能這麼刺激有趣又成功的最重要原因。更甚於擁有適當的學位，或建立正確的人脈，簡單的六個字就是你現在為什麼手裡拿著這本書的原因：為什麼‧不是‧我？

　　大家都說，男人如果覺得他們能做到工作內容所描述的六成，就會去應徵那個工作，但女人卻必須覺得她們能做到百分之百，才會冒險跨出那一

步。這是蠢話，而且絕不可能在社會上出人頭地。我的職業生涯裡，有過四個「真正」的工作，而每一個，我都不是百分之百做好準備。如果你不會學到東西，無法發揮所長，更無法成長，為什麼要接下那份工作？當然，可能有某個比我條件更好的人也有希望應徵上，但我的條件一直都很好，我學東西很快，而且認真工作。他們必得僱用一個人，為什麼不是我？

這句口號幾乎完全解釋了這本書的誕生過程。我正在想有人應該要寫一本書，解釋這整套影響力行銷的運作方式，因為，這一行的人常表現得好像他們不知道到底發生什麼事。有人應該要寫一本書，為什麼不是我？

在「為什麼不是我」之後，可以說，還有另外三個次要口號改變了我的人生。

第一個是「說好，之後再來想細節」。2011年，我得到一個千載難逢的機會，擔任妮維雅（Nivea）百年慶的北美洲大使。它要送我去德國，和蕾哈娜（Rihanna）在遊輪上待三天。它會付我酬勞，而我只需要發推文。一個小問題：我在星期一接到提案，星期三要出發，而我沒有護照。

但當它問我能不能去時，我說不行了嗎？當然沒有。我說，我會去。我立刻開始恐慌，因為我從來沒有申請過護照，甚至不知道是否能在48小時內申請到一本，但結果

是可以。我不但度過最美好的時光，而且還在那次旅程中遇到一個朋友，她代表她的公關公司去那裡。她後來去赫斯特集團工作，把我推薦給我未來的老闆。那份工作催生了這本書的寫作計畫。想像一下，如果我那時說不行，我現在會在哪裡？

第二個是「請求原諒而不是許可」。當我開始寫部落格時，我明白如果這要成為全職工作，我必須從中得到真正的金錢收入。由於我沒什麼選擇，所以我決定在我獲利前偽造收益。我在另一個我追蹤的部落格上看到《紐約嬌妻》（The Real Housewives of New York）節目的橫幅廣告，我把它們存下來，然後放到自己的網站上。我忘了橫幅廣告都有追蹤代碼，我很可能毀了某個人的計算結果，還給了這個節目免費媒體平台。最糟的狀況會是什麼？它發現自己沒付我廣告宣傳費，要求我把廣告都撤下？

這狀況沒有發生，但你知道發生了什麼事？一個數千美元的瑞典思維卡伏特加（Svedka）廣告活動。它在《紐約嬌妻》廣告之前，不曾在我的網站上看過任何廣告，因此，它不確定我是否接受置入性行銷。這個下廣告的時機，正好出現在我要決定繼續留在法學院就讀，還是待在這個數位內容產業試試身手。幾個月之後，我退學了。

第三個是「大方付出而且不要猶豫」。沒什麼人知道這

件事，但我先生和我在第一次約會時就訂婚了。我們之前就認識，且在法學院是同一個組，但不是朋友。有天晚上下班後，我決定走長長的路去火車站——那是個超級適合散步的夏日夜晚，然後，我在人行道上和他偶遇。原本可能是快速且尷尬的小聊片刻，成了六小時的交談，我們無所不聊，從我們和父母的關係還有我們想要幾個小孩，聊到我們最大的抱負和我們為什麼還是單身。

　　我那天很晚才到家，腦中一直在想著我搞砸了和他發展的機會，因為女人應該要保持神祕，不過現在顯然已沒什麼神祕感可言了。但第二天晚上，當我朋友取消我們的約會，而我需要幫我採訪的一個活動另外找個人時，我邀請他一起來。約會還沒結束，他直視著我的眼睛，說：「我知道我要什麼，而且我不是一個會拐彎抹角繞圈子的人。我想，我們應該結婚。」而我說：「好！」我們的確等了二年才踏上紅毯，但如果在我巧遇他時，我較為矜持一些，或在他把一切對我清楚說出來時猶豫了，我很可能最後會落得像電影《樂來樂愛你》（*La La Land*）裡萊恩‧葛斯林（Ryan Gosling）所飾演的角色一樣的下場。

　　如果，你遇到一個能夠幫助你達成目標的人，不要退縮。如果，你偶然碰到一個報導你垂直市場的記者，告訴他，如果他在下一篇網紅綜合報導中能把你放進去，你

會永遠感激他。如果，你和最愛的網紅一起參加一個研討會，告訴他，你很樂意與之合作。如果，你遇到你最愛品牌的網紅總監，告訴他，你想要成為他的品牌大使，並且問他你要如何讓這事成真。讓每一次的交談都有意義，而且絕不要在離開時，才希望自己可以多說或多做了一點。這不一定每次都奏效，但得到你所要之物的唯一方法就是努力爭取，放膽一試。

————

現在，我們已有一些令人愉快、有信心的故事，而且也準備好一頭栽進機會之海中了，就讓我們來著手處理，若你一心想要踏上成為全職網紅之路，你必須完成的三大任務：

1. **當一個影音部落客、部落客和 Instagram 明星。** 編輯影片很難嗎？是的。持續寫吸引人的內容很難嗎？是的。在 Instagram 上建立並保持社群的互動很難嗎？是的。要做到這三點是不是極度困難？是的。而那正是你要去做的原因。如果，你可以對著鏡頭說話、寫作並在線上和人們維持良好關係，品牌會排隊搶著和你合作。要把這三件事做到完美可能要花你更長的時間，而你的成長速度也可能比你一些同儕慢，但你會比他們都撐得更久。有人得成為構成三倍威脅的網

紅——為什麼不是你？

2. **花時間思考重要而敏感的問題。**很多人想要女人在有限預算下仍能看起來很漂亮，那種做法在2009年也許可行，但在2019年就行不通了。我不是說，你必須引發爭議，但你得找到一個讓你在夜晚也能提振精神思考的角度。當你有全職工作，且在空閒時間創作內容時，夜晚是你所有魔法發生的時段。別挑一個會讓你睡著的話題。

伊絲卡拉・羅倫斯（@iskra）痛恨別人用photoshop修改她身體的照片，因此她的整個平台都聚焦在接受身體上。海蒂・娜札魯汀（@theambitionista）不明白為什麼世人認為當一個女企業家就代表你不時髦，她因而創立了一個積極能幹型企業家的社群。歐亞・希爾（Olya Hill，@livingnotes）想要讓全世界看到，你可以是個退休的芭蕾舞者、有七個小孩，但仍然很亮眼。賈姬・安娜（@jackieaina）想拍影片給外表像她的女孩看，她認為主流網站並不了解深膚色女性也很美。

回想有人低估或看輕你而讓你充滿憤怒的時刻。他們認為你無法做到你有能力做的事情。利用它，讓它引領你在生活風格內容上的觀點。有人必須說出你的問

題——為什麼不是你？

3. **寫下你最大的目標，然後逆向回去實現它。**有些網紅現在已是演員或歌手。她們有自己的系列服飾和美妝產品。她們的 YouTube 節目現在成了電視節目和電影。她們的路徑也許不同，但你知道她們有什麼共通點嗎？她們都是從零個訂閱者、零網頁點閱率和零個追蹤者開始的。

很多人以為她們害怕失敗，但她們其實害怕成功。害怕如果那個品牌真的同意了她們的提案，或者如果那個網站真的介紹了她們，會發生什麼事？成功可能會很快讓你的人生天翻地覆，但如果你擬定好計畫，那你就能做好準備。得有人建立一個帝國——為什麼不是你？

這就是她所寫的全部內容

　　這本書的內容已給了你在影響力行銷世界裡成功所需的基礎。無論你是還在建立社群、學著包裝你的品牌，還是終於從你的影響力獲利，你現在已準備好跳過任何可能企圖讓你脫離軌道的障礙了。前進，征服，然後創造。總有人要成為下一代的指標網紅——為什麼不是你？

謝辭

哇，美夢真的會成真。我是個出過書的作家了！這真令人興奮，卻也非常危險，因為，只要任何時候有人質疑我在影響力行銷方面的權威時，我的最新反擊會是：「對啦，別聽我的。我又不是沒寫過這方面的書。」但說真的，有好多人要感謝。

首先是我先生。謝謝你，亞歷山大，告訴我要寫這本書，還督促我寫提案，並一直糾纏我直到把提案送出去。謝謝你帶兒子出去小旅行，好讓我能在自己訂下的瘋狂截稿期限內完成手稿，更幫忙確認這本書符合我的期望。謝謝你對我的職業生涯給予令人難以置信的支持，你就是那種只在非寫實電

影中才能找到的丈夫和父親。我的生命在我遇見你的那天徹底改變了，你是我的一切。

接下來，我一定要謝謝我的左右手，芭芭拉‧貝-麥斯特（Barbara Baez-Meister）。在我休那麼多天假去寫書時，沒有你在赫斯特坐鎮，這本書就無法完成。你跟著我六年，一起做過很多工作和數不盡的業外工作，你不只是同事，你是家人。從基層開始，現在我們到了這裡！

我也要謝謝：潔德‧雪曼介紹我認識我的經紀人，史提夫‧羅斯（Steve Ross），他不僅為這本書提供金句，還幫我和令人驚豔的泰妮‧帕諾西安牽線。亞伯拉罕藝術家經紀公司的史提夫‧羅斯，孜孜不倦地為這本書找到正確的出版社，因為那麼多人都還搞不懂影響力行銷現象。丹妮絲‧席維斯特羅（Denise Silvestro），了不起的編輯，真的了解我努力想呈現的感覺，而且在這整段時間裡一直安慰、支持著我。蜜雪兒‧艾鐸（Michelle Addo）、薇達‧英格斯崔德（Vida Engstrand）、克萊兒‧希爾（Claire Hill）和整個肯辛頓公司（Kensington），你們相信這本書的價值，而且確保大家都知道要買它。

感謝賈桂琳‧達維（Jacqueline Deval）告訴我，我的提案很特別。你出版了歐普拉女王的書，所以，這是我希望能聽到的最棒讚美！亞歷珊卓拉‧卡琳（Alexandra

Carlin），總是對我在赫斯特的成就那麼感興趣和支持。艾莉森・肯恩（Allison Keane）和李維・瑞（Liv Ren），幫我處理所有的公關與媒體相關事務。李・索辛（Lee Sosin）、蘿拉・卡勒霍夫（Laura Kalehoff）和凱莉・韓森（Keri Hansen），幫助我成為一個專業人士。珊・葛萊迪斯（Sam Gladis）不僅是我的頭號粉絲，而且總是讓我在她的辦公室裡大叫大嚷（偶爾語無倫次叫罵）。

感謝亞歷珊卓拉・皮瑞拉、艾莉莎・波西歐、卡拉・山塔納、海蒂・娜札魯汀、喬伊・趙、莎札・韓翠克絲、蘇娜・葛絲帕里安和泰妮・帕諾西安，從她們瘋狂忙碌的行程中抽出時間，給予我的讀者智慧與啟發。感謝布莉塔妮・澤維爾、辛西婭・安德魯（Cynthia Andrew）、伊絲卡拉・羅倫斯、珍・葛瑞（Jeanne Grey）、珍妮・曾（Jenny Tsang）、潔薩敏・史丹利（Jessamyn Stanley）、潔西卡・法蘭克林、克莉絲朵・畢克（Krystal Bick）、歐亞・希爾、蕾妮・哈奈爾（Renee Hahnel）和塔妮亞・莎琳（Tania Sarin），提供只有身在這一行而且表現傑出的人才有的洞見。感謝貝卡・亞歷珊德、克蘿伊・瓦茲、漢娜・克拉克洪恩、印迪亞-珠兒・傑克森、嘉達・黃、珍・林（Jane Lim）、珍妮佛・柴西絲、傑西・葛羅斯曼（Jessy Grossman）、麥克西米里安・烏蘭諾夫和拉娜・贊

德，提供商業營運面的可貴意見並提供接觸你們絕佳客戶的管道。

感謝我媽，保存我在一年級時寫的第一本書，內容是關於一個跳舞的嬰兒，把她的嬰兒床在房間裡到處移動的故事。感謝麥克·麥特森（Mike Mathewson）和卡洛琳·蘭迪斯（Carolyn Landis），不僅是我最好的朋友，花時間讀我的提案，還買我的書，即使我本來就會送他們一本。感謝齊拉塔·費爾曼（Zlata Faerman），提供我源源不絕的正向能量。

曾參加CreatorsCollective活動的每個人，我所有的Facebook、Instagram和領英上的朋友和追蹤者，你們提出的問題指引了這本書方向，還有每個讀到這裡的人，因為這就等同於貢獻！

最後我要感謝上帝，雖然我表現得不夠多。謝謝祢讓我每天早上醒來，還讓我的生命中能夠出現這些很棒的人和機會，更給了我溝通的才能。我等不及要看，祢未來還有什麼要給我。

詞彙表

　　你必須熟知的術語數量總令我感到訝異。你也許是個網紅，但你打交道的對象說的是法律用語、商業行話和英語中的其他方言。讓我為你獻上，詞彙表。

- Advertiser **廣告主**：那個發號施令的品牌。它們有錢，而且規則是它們定的。
- Agency **經紀公司**：一個為廣告主利益而工作的團隊。它們可能是媒體經紀公司、創意經紀公司，或公共關係經紀公司。有時候，它們有錢，因此可以定一些規則，但它們仍必須對廣告主負責。
- Agent **經紀人**：某個代表網紅的人。他的工作是確保

網紅賺到錢。他只有在網紅拿到酬勞時才有錢賺，因此，他的座右銘是「ABC」——永遠要成交（always be closing）。

- **Ambassador大使**：一個和品牌有長期合約的網紅。在他當品牌大使的期間，大使是一個品牌的實質「門面」。網紅當大使可以是為了一個特定時期（2018一整年、2018年秋季）、一個活動季（時裝週、開學季）或一個特定產品（睫毛膏、丹寧系列、防毛躁洗髮精）。

- **Approvals同意**：一段每個人和他們的媽媽必須仔細檢視內容並認可內容的時間。這也被稱為CYA（cover your ass，保護自己免受攻擊）的期間。

- **Article文章**：一篇通常有很多文字穿插著圖片的內容。通常用於了解網紅風格。

- **BCE置入性內容編輯**：branded content editor的縮寫。這個人在出版社工作，負責想出置入性內容的一切細節。他也會仔細觀察所有網紅，以確定他們都「與品牌形象一致」。

- **Bio自傳**：在你的Instagram檔案裡，要盡可能把你自己的資料擠進去的二到三行文字。也是你的網站上，提供給讀者較多關於你自身故事的詳細資料以及想創作的內容類型的頁面。

- Bluehost：一個虛擬主機，容納你網站上的所有檔案。Bluehost是我最愛的虛擬主機，因為它的網站很容易瀏覽，又不貴，還有當你不小心洩露了密碼或刪掉了網站時，它的客服真的很棒。
- Brand 品牌：在很多情況下都可以和「廣告主」一詞互換使用，但在赫斯特集團，它代表我們旗下的刊物之一，如《柯夢波丹》或《Seventeen》。
- Brand Affinity 品牌認同：顯示網紅和廣告主／品牌間具有一致性的花俏字眼。如果你是個網紅，而你的追蹤者中有一半都追蹤某個美妝品牌，那就代表認同度非常高。這個數字愈大愈好。
- Brief 簡報：你從廣告主、經紀公司或品牌那裡收到的文件，提供創作內容的指導方針。上面會告訴你要用哪些標籤、提到哪些用戶名稱、內容的調性和其他寶貴的資訊。
- Budget 預算：某個人該付給你多少錢。人們以為一個非常受歡迎的品牌預算總是很多，但那不是事實。預算會變動，因此，請永遠保持開放的心胸。
- Call Sheet 通告單：一份你會在照片或影片拍攝工作前收到的文件，包含拍攝工作在哪裡進行，現場有哪些人，當天的流程，以及其他重要細節。

- Call Time **集合時間**：預期你要到達拍攝現場的時間，寫在通告單裡面。
- Campaign **行銷活動**：你參與其中的專案，會有明確的開始與結束時間。
- Casting Call **徵人通知**：在尋找才藝之士、也稱為選角時，選角人員也許會設定日期與時間，然後在那段時間裡，盡可能努力地多見一些網紅。
- Category Exclusivity **類別專有權**：如果，廣告主要求這一點，表示你不能和同一類別中的任何競爭對手合作。受歡迎的類別包括美妝產品（睫毛膏、唇膏、粉底霜）、酒類／烈酒（伏特加、龍舌蘭酒、蘭姆酒）和配飾（手錶、手提袋、太陽眼鏡）。
- Celebrity **名人**：一個名氣來自網路之外職業的網紅。多數時候，人們在社群媒體上追蹤他是因為，他們是他電影、音樂、電視劇或運動團隊的粉絲。
- Circle Back **晚點再討論**：一種說「我之後再回覆你」的複雜方式。當人們說這句話時，我極其痛恨，但我一天到晚說。有句話說得好，入境隨……。
- Client **客戶**：給你錢的那個人。你必須讓這個人高興，否則他會把你的錢拿走。
- COB **下班**：close of business 的縮寫。如果，有人在下

班前需要某個東西，通常表示在下午六點之前。記住，如果他在紐約，那可能是東部標準時間，如果他在洛杉磯，就是太平洋標準時間。

- Competitor **競爭對手**：當消費者選擇要購買哪個產品時，廣告主要面對的公司。有些廣告主相當清楚自己的競爭對手。其他的，則不怎麼清楚。

- Connect Offline **下線再談**：視訊會議用語，意指「我們等視訊會議結束再談這件事」。

- Content **內容**：為一個社群媒體平台而創作的照片、影片和文本。

- Content Creator **內容創作者**：某個為社群媒體平台創作照片、影片和文本的人。

- Contract **合約**：廣告主／經紀公司／品牌和網紅間的協議，包含行銷活動資訊和可做到的事。

- CPC **每次點擊費用**：cost per click 的縮寫。如果，廣告主付你錢把流量導到它們的網站，它們付給你的金額除以點擊次數就是 CPC。

- CPV **每次觀看成本**：cost per view 的縮寫。在執行影片行銷活動時，如果廣告主在社群媒體上播放廣告，每次觀看都要成本。廣告主喜歡比較傳統 CPVs 和某個網紅的 CPV，因此，它們會把付給你的金額除以你影片的觀

看次數，以得出這個數字。

- Deck **提案簡報**：一套行銷人員痛恨但又必須為廣告主做的 PowerPoint 或 Keynote 提案簡報。通常會有行銷活動發想、網紅推銷術和報價。

- Deliverables **可做到的事**：你要負責創作（照片／影片／文本）和出版（部落格貼文、影片、照片）的東西。

- Disclaimer **免責聲明**：一份給人們想要知道的重要訊息通知。你通常會在一個部落格裡看到這樣一個通知：「有些你所看到的連結是聯盟連結，如果你點擊並購買，我們會收到回饋金。」

- DocuSign：列印、簽名後再掃描的方式已過時，這是讓你可以直接在文件上電子簽名的應用程式。

- Engagement **互動**：你的內容所得到的按讚、留言、轉推、分享和轉釘（repin）的數量。

- Engagement Rate **互動率**：追蹤者人數除以一篇貼文或前 10 到 12 篇貼文的互動數量。

- EOD **今天之前**：end of day 的縮寫。通常是發訊者所在時區的下午六點。

- EOW **本週之內**：end of week 的縮寫。通常表示跟你要某個東西的人想要你在星期五完成，因此，當他星期一早上來上班時，東西會在他的收件匣裡。這通常也假定

這個人週末不會上班。

- Exclusivity **專有權**：這個詞指禁止你與競爭對手合作的時間長短。

- Facebook Live Facebook**直播**：一支在Facebook上即時錄製並串流的影片。

- Filter **濾鏡**：改變照片／影片外貌的一層覆蓋物。

- Flat Lay **平鋪式構圖**：你把物品平面陳列並拍照。這可能是全套服裝或你裝在行李箱、健身運動包或媽媽包裡的東西。「包包搜身」可視為一種平鋪式構圖。

- Flight **廣告播放期間**：行銷活動的時間長短或內容必須一直留在你網站上或持續被看見的時間長短。

- FTC **聯邦貿易委員會**：Federal Trade Commission的縮寫。它的工作是確保消費者不會被騙。差不多就等同廣告警察。

- Gallery **畫廊**：一篇你可以捲動看到許多不同影像／影片的內容。可以用在部落格、Instagram或Facebook貼文上。

- Glam Squad **梳化服務**：為照片拍攝工作提供髮型、化妝和造型的人。

- Go-see **面試**：一個原常用於模特兒界，並逐漸轉移用在影響力行銷上的詞，指一個人去見選角人員，如此，選

角人員可以看到這個人在現實生活中的樣子。

- Hashtag 井號標籤：用在社群媒體上的 # 號。它把每個使用這個符號的最新狀態串連在一起，因此，你可以追蹤對話串。你不能在井號標籤裡加標點符號或空白。你以為到了現在，有些人應該已經學會這些用法，但，唉，很多人還是不會。

- Haul/Anti-Haul 拖拉／反拖拉：前者一種 YouTube 影片類型，內容是你去一家店，然後秀出你買的所有東西給觀眾看。後者相較下是相當新的類型，是指網紅陳述所有他永遠不會買的東西。

- Influencer 網紅：某個有影響力的人。就社群媒體的目的而言，那個網紅必須是在網路上。

- KPI 關鍵績效指標：key performance indicators 的縮寫。這是指會顯示一項行銷活動是否成功的指標。一般 KPI 包括曝光、互動程度、影片點閱、點擊、站內停留時間、購買、下載等等。

- Life Caster 生活直播主：在 Instagram 上播送他自己生活樣貌的人，但不是以內容創作者採用的那種方式創作內容。他差不多是在過自己的生活，看起來光鮮亮麗，而觀眾愛死了。

- Listicle 清單體文章：以列表形式呈現的內容：「這件洋

裝的五種穿法」或「歐洲之旅要帶的九件物品」。

- **Manager 經理**：為網紅提供生涯方針的人。如果網紅沒有經紀人的話，他也會推銷網紅，然後簽下行銷活動邀約。

- **Mention 提及**：藉由使用 @ 符號，在社群媒體上大聲說出廣告主或品牌名稱。

- **Mood Board 情緒板**：將拍攝工作以視覺呈現，然後給品牌核可。情緒板可包含拍攝地點的發想、服裝、化妝、髮型、姿勢和風格。把它想成一張巨大的 Pinterest 板。

- **O&O 擁有並經營**：owned and operated 的縮寫。這通常見於合約的用法篇，意指內容可以被用在廣告主／品牌擁有與經營的任何地方，如網站、部落格或社群頻道。

- **Publicist 公關人員**：負責你的公共關係的人。他的工作幾乎完全在和媒體打交道並確保你的正面形象。如果你闖了大禍，他也要負責控制損害。

- **Redline 紅線**：律師在編輯合約時所用的詞。合約通常以微軟 Word 程式編寫，當你編輯時，就會出現紅線以顯示修改的地方。

- **Retail 零售**：一個實體的地點。在廣告主描述使用方法時，通常是指一家商店。如果用法包含零售，意指它們

可以把你的照片像一般海報那樣掛在商店裡，或特別凸顯你所推銷的產品。

- **ROI 投資報酬率**：return on investment 的縮寫。當廣告主花費一美元，然後賺回一美元時，投資報酬率是 1：1。影響力行銷的投資報酬率通常比傳統廣告高，除非找錯網紅。那麼，你就會有所謂的負 ROI。

- **Rolling Lunch 輪流午餐**：當你在拍攝現場，有時候會有正式的午餐休息時間，但其他時候，工作人員會發放午餐，你得等到有空時再吃。後者就是輪流午餐。

- **Roster 名單**：一家人才經紀公司的代表客戶名單。也是向廣告主推銷活動所需網紅的名單。

- **Sentiment 心情**：某個人讀過你內容後的感受。他們會有快樂、傷心、生氣等的情緒。

- **SOW 工作範圍**：scope of work 的縮寫，註明你受僱要做的事情。

- **Tag 標注**：當你創作自己的內容，而你想要品牌注意到，卻又不想提到它們時可用。

- **Takeover 接管**：當你連續發布三篇 Instagram 貼文時，事實上就等同讓廣告主「接管」你動態消息的最上面一排位置。

- **Tutorial 教學**：一種 YouTube 影片，你教你的觀眾如何做

某件事。

- Usage **用法**：為行銷活動所創作的內容如何使用／會出現在哪裡。
- Vertical **類別**：一種表達種類的詞，如時尚風格、美妝、健身、旅遊、居家裝潢、DIY 等等。
- Wordpress：一個大部分部落客會用的平台。

好想法24

網紅這樣當

從社群經營到議價簽約，爆紅撇步、業配攻略、合作眉角全解析

Influencer: Building Your Personal Brand in the Age of Social Media

作　　者：布莉塔妮‧漢納希（Brittany Hennessy）
譯　　者：蔡裴驊
資深編輯：劉瑋
校　　對：劉瑋、林佳慧
封面設計：李涵硯
美術設計：洪偉傑
寶鼎行銷顧問：劉邦寧

發 行 人：洪祺祥
副總經理：洪偉傑
副總編輯：林佳慧
法律顧問：建大法律事務所
財務顧問：高威會計師事務所
出　　版：日月文化出版股份有限公司
製　　作：寶鼎出版
地　　址：台北市信義路三段151號8樓
電　　話：（02）2708-5509　　傳真：（02）2708-6157
客服信箱：service@heliopolis.com.tw
網　　址：www.heliopolis.com.tw
郵撥帳號：19716071 日月文化出版股份有限公司

總 經 銷：聯合發行股份有限公司
電　　話：（02）2917-8022　　傳真：（02）2915-7212
製版印刷：禾耕彩色印刷事業股份有限公司
初　　版：2019年7月
定　　價：350元
I S B N：978-986-248-818-8

國家圖書館出版品預行編目（CIP）資料

網紅這樣當：從社群經營到議價簽約，爆紅撇步、業配
攻略、合作眉角全解析／布莉塔妮‧漢納希（Brittany
Hennessy）著；蔡裴驊譯. -- 初版. -- 臺北市：日月文化，
2019.07
264面；14.7×21公分. --（好想法；24）
譯自：Influencer: building your personal brand in the age of
social media

ISBN 978-986-248-818-8（平裝）

1. 網路行銷　2. 網路社群　3. 網路經濟學

496　　　　　　　　　　　　　　　108008021

日月文化集團
HELIOPOLIS
CULTURE GROUP

客服專線 02-2708-5509
客服傳真 02-2708-6157
客服信箱 service@heliopolis.com.tw

日月文化集團 讀者服務部 收

10658 台北市信義路三段151號8樓

對折黏貼後，即可直接郵寄

日月文化網址：**www.heliopolis.com.tw**

最新消息、活動，請參考 FB 粉絲團

大量訂購，另有折扣優惠，請洽客服中心（詳見本頁上方所示連絡方式）。

大好書屋

寶鼎出版

山岳文化

EZ TALK

EZ Japan

EZ Korea

大好書屋・寶鼎出版・山岳文化・洪圖出版　EZ 叢書館　EZ Korea　EZ TALK　EZ Japan

日月文化集團
HELIOPOLIS
CULTURE GROUP

感謝您購買　網紅這樣當：
從社群經營到議價簽約，爆紅撇步、業配攻略、合作眉角全解析

為提供完整服務與快速資訊，請詳細填寫以下資料，傳真至02-2708-6157或免貼郵票寄回，我們將不定期提供您最新資訊及最新優惠。

1. 姓名：＿＿＿＿＿＿＿＿＿＿＿　性別：□男　　□女

2. 生日：＿＿＿＿年＿＿＿＿月＿＿＿＿日　職業：＿＿＿＿

3. 電話：（請務必填寫一種聯絡方式）

　（日）＿＿＿＿＿＿＿（夜）＿＿＿＿＿＿＿（手機）＿＿＿＿＿＿＿

4. 地址：□□□＿＿＿＿＿＿＿＿＿＿＿＿＿＿＿＿＿＿＿＿

5. 電子信箱：＿＿＿＿＿＿＿＿＿＿＿＿＿＿＿＿＿＿＿＿

6. 您從何處購買此書？□＿＿＿＿＿＿＿縣/市＿＿＿＿＿＿＿書店/量販超商
　□＿＿＿＿＿＿＿網路書店　　□書展　　□郵購　　□其他

7. 您何時購買此書？　　年　　月　　日

8. 您購買此書的原因：（可複選）
　□對書的主題有興趣　　□作者　　□出版社　　□工作所需　　□生活所需
　□資訊豐富　　□價格合理（若不合理，您覺得合理價格應為＿＿＿＿＿＿）
　□封面/版面編排　　□其他＿＿＿＿＿＿＿＿＿＿＿＿＿＿＿＿

9. 您從何處得知這本書的消息：　□書店　□網路／電子報　□量販超商　□報紙
　□雜誌　□廣播　□電視　□他人推薦　□其他

10. 您對本書的評價：（1.非常滿意 2.滿意 3.普通 4.不滿意 5.非常不滿意）
　書名＿＿＿＿　內容＿＿＿＿　封面設計＿＿＿＿　版面編排＿＿＿＿　文/譯筆＿＿＿＿

11. 您通常以何種方式購書？□書店　　□網路　　□傳真訂購　　□郵政劃撥　　□其他

12. 您最喜歡在何處買書？
　□＿＿＿＿＿＿＿縣/市＿＿＿＿＿＿＿書店/量販超商　　□網路書店

13. 您希望我們未來出版何種主題的書？＿＿＿＿＿＿＿＿＿＿＿＿

14. 您認為本書還須改進的地方？提供我們的建議？
　＿＿＿＿＿＿＿＿＿＿＿＿＿＿＿＿＿＿＿＿＿＿＿＿＿＿
　＿＿＿＿＿＿＿＿＿＿＿＿＿＿＿＿＿＿＿＿＿＿＿＿＿＿
　＿＿＿＿＿＿＿＿＿＿＿＿＿＿＿＿＿＿＿＿＿＿＿＿＿＿
　＿＿＿＿＿＿＿＿＿＿＿＿＿＿＿＿＿＿＿＿＿＿＿＿＿＿

好想法　相信知識的力量
the power of knowledge

寶鼎出版